JN114927

新 食品工場は宝の山

現場改善＋HACCP・自動化・イノベーション

＜著　者＞

山田谷勝善・高木敏明・西　真一・小野智睦

黒田　学・幾島　潔・松原大輔

幸書房

発刊にあたって

2015年に発刊された「食品工場は宝の山」は，好評裏に完売いたしました．食品工場に関する現場改善・生産性向上の書籍はほとんど出版されていない中で，多くのみなさまに支持され，感謝していただきました．食品業界は，日本のほこるものづくりのノウハウが生かされていません．それどころか，生産性が最も低い業界になっていて，この本が，そのような状態に抗するための一石として投じることができたのではないかと思います．

今回は，みなさまからのご指摘，ご要望を含め，我々のチームとしてたどり着いた認識のもとに考えた食品工場を取り巻く課題とそれに伴って必要とされるテーマを盛り込むものになりました．

まず，食品工場にとって避けられないテーマとしてあがったのは，HACCPの制度化でした．そのテーマに関して，世間で言われているのは，HACCP＝品質向上と生産性向上は両立しないという誤った考え方です．むしろ，HACCPを正しく取り込むことで，生産性の向上に資することができるということを知っていただきたいのです．

また，工場の生産性を考えると，機械化，自動化がだれでも考えることです．しかし，工場を訪問すると，使われない機械が山のようにあったりするのが現実です．これはなにかが間違っているからです．そのような問題意識で改めて考えてみました．

また，生産性向上＝現場改善といわれていますが，現場では成果がでているように見えても，会社として，成果がでていない，というケースがあります．これも何かが違うということで，生産と経営の視点を整理しました．

この間，食品業界に最もインパクトを与えたことは，コロナ禍でした．これは，世界を全く変えてしまいました．食が人間社会で，基盤であるとの認識を顕在化させました．したがって，自然を冒涜するとか，人間の偏向した利益のために，環境を破壊するのではなく，地球の存続のための志向こそが，求められる時代となっていることを，認識せざるを得なくなっています．食は自然との関連で基軸となる産業としても形成されています．

最後には，食品工場で，自動化と並んで混乱を与えているのが，工場建設です．食品衛生と矛盾する無知な工場建設が横行して，事業者を困らせています．これに対処する方法をお伝えしました．

以上のように，食品工場の真の改善のために，多くの課題を扱うことになってしまいましたが，これらを切り口に，みなさまが，工場に宝の山を見つけられることを期待いたします．

2022 年 9 月

執筆者を代表して　山田谷勝善

著者紹介

山田谷勝善（やまだや　かつよし）〈発刊にあたって，第6章1節と2.2，第5章事例〉
略歴：東京理科大学卒業，オーディオメーカー　アイワ（株）に勤務後，1995年中小企業診断士として独立，経営創研（株）の創立に参画し，代表取締役歴任．診断・指導200社，研修セミナー講師300件，執筆100件，食品製造業を中心として経営管理，生産管理などの支援を行っている．
著書：「最新目標管理〈MBO〉の課題と解決がよ～くわかる本」秀和システム刊　共著　その他多数

高木　敏明（たかぎ　としあき）〈第1章1節，および食品衛生の記述全般の校閲〉
略歴：北海道大学水産学部水産食品製造学科卒業．
食品会社でレトルト食品・チルド食品・冷凍食品の商品開発と品質保証に従事．ISO14001とHACCPシステムの構築と運用を主導．その後，全国コンビニチェーンの事業協同組合に出向し，商品開発と組合員食品工場の食品衛生管理支援に従事．2011年中小企業診断士に登録．その後，上級食品表示診断士，1級販売士を取得，JFS-B規格監査員研修を修了．横浜中小企業技術相談事業技術アドバイザーとして，食品企業のHACCPシステム導入支援や食品表示点検支援を実施．現在は，食品工場の食品衛生点検，HACCPシステム導入支援を中心に活動している．専門分野は，食品工場の品質保証，食品表示，食品加工プロセスの改善．

西　真一（にし　まさかず）〈第1章2節～4節，第2章3節～4.12，6章2.1，3節～5節〉
略歴：法政大学土木工学科卒業
トランス・コスモス（株）に勤務，「科学技術計算とCADシステムの開発に従事，その後，CRC総合研究所に勤務し，土木，原子力の力学的シミュレーション業務に従事，その後，（株）トスコに勤務し，マイニングパッケージ開発チーム責任者，経営ボードメンバーとして人事制度開発，外注部隊プロジェクト管理を行う．2010年中小企業診断士登録以後，経営創研（株）とバイオメディカルジャパン（株）に所属，千葉県中小企業団体中央会，県事業コーディネーターに従事，商店街活性化調査におけるファシリテーター担当など多数．
食品製造業向け新商品開発支援と生産性向上支援，新分野進出支援を実施．商店街組合への個店活性化支援，経営革新計画認定申請支援，事業再構築支援の実績多数．

小野　智睦（おの　ともちか）〈第2章4.13，第3章〉
略歴：東京大学工学部機械系学科卒業後，大手メーカーへ入社．製造現場での操業改善・コストダウン・品質管理に従事後，大規模な工場建設，プロセス開発，製造現場の管理職を経て，管理部門で全工程一貫品質管理・商品開発・顧客サービス，本社部門でマーケティング・商品企画・海外戦略・知財戦略などに従事した．関連企業にて，事業所長も経験した．工場指導 50 社以上，工場視察調査 300 カ所以上の実績がある．
2011 年に中小企業診断士登録．これまで 500 社（者）以上の中小企業の経営を支援した．
食品製造業には，ものづくり補助金などの支援およびコンサルティングで深く関わる．
保有資格は，多岐にわたる分野で 30 種以上．

黒田　学（くろだ　まなぶ）〈第 2 章 1 節～2 節，第 5 章事例〉

略歴：京都大学工学研究科数理工学専攻（修士）修了後，鉄鋼会社へ入社，計測制御研究部に配属，ゴミ焼却炉の燃焼制御などプロセス制御の研究開発に携わった．企画部 IE 部門へ異動，工場内の生産能力向上，要員効率化，外注費適正化，物流効率化 に長年従事した．現在は解析・調査部門の子会社にて，データサイエンス分野の開発を担当している．職務の傍ら，中小企業診断士資格を 2010 年に取得．これまで幅広い種類の食品製造業を視察，診断し，依然として多くの現場改善の余地があることを知る．専門分野は生産管理，作業管理の現場改善の他，財務や新事業展開も対応可能．食品製造業の他，製造業（加工機械，金属プレス部品），設備工事業，医療機器販売，病院などの企業診断実績を有する．

幾島　潔（いくしま　きよし）〈第 4 章〉

略歴：産業技術大学院大学創造技術専攻終了，創造技術修士（専門職）．
非鉄金属会社で電子部品・自動車部品用機能料の新規開発・製造・生産技術・生産管理・環境・エネルギー管理に従事後，工場長として工場統括管理．物流会社で，食品 3 温度帯物流（3PL 事業）の事業統括管理．2014 年中小企業診断士登録後，製造業（金属，フィルター製造，食品加工）の業務改善（生産性向上，品質改善，IoT 化支援）および販路開拓支援．公的支援として東京都中小企業振興公社専門家支援及び販路開拓支援，福島相双復興支援機構専門家支援等．専門分野は，ものづくり（食品含み）企業のプロセス改善，人材育成（工場幹部），商品開発ならびに ISO，TPM，BCP 等各種マネジメントシステムの構築と実践的運用．

松原　大輔（まつばら　だいすけ）〈第 7 章〉

略歴：獨協大学経済学部
大手食品会社で水産練り製品などの製造販売と，食品衛生部門にて調達販売を手掛け，その後，食品製造機械メーカーにて販売を経て，現在（株）ラックランドで，エンジニアリング部所属で食品加工工場・冷凍倉庫・物流センターの営業・プランニングに従事している．現状の参画案件は，①大手流通のプロセスセンター計画，②農業従事者の加工業の進出，③飲食事業から加工業への転換事業，④イートイン・食品工場の併設規格，⑤ HACCP 輸出支援の取り組みを行っている．

目　次

第1章　HACCPを取り込んだ力強い生産性向上を …………………………… 1

1.　食品製造業の経営環境 ………………………………………………………… 1

1.1　移り変わる安心・安全、HACCP法制化の背景 ……………………… 1

1.2　安全性の確保は生産性向上の大前提 …………………………………… 4

2.　よくある経営者のカン違い …………………………………………………… 7

2.1　安全性より受注を優先せざるを得ない？……………………………… 7

2.2　現場改善は十分にやっており，更なる改善の余地はない？………… 8

2.3　閑散期の雇用維持は，固定費分担を無視しても売上規模を確保？… 9

2.4　品質維持には監視作業が重要である？…………………………………11

2.5　設備投資を行えば，必ず生産性が上がる？……………………………13

2.6　食品は，安全が命．安全を優先すると生産性は犠牲になる？………15

3.　現場改善前にしなければならないこと ……………………………………16

3.1　改善前に最初に行うべきこと ……………………………………………17

3.2　経営者・従業員・従業員同士のコミュニケーションを定常化する
7つの方法……………………………………………………………………18

4.　外部企業の合併の検討 …………………………………………………………30

第2章　現場改善とは文化を作り上げること……………………………………34

1.　現場改善とは ……………………………………………………………………34

1.1　なぜ食品製造業では現場改善が遅れているのか ………………………34

1.2　現場改善の狙いと効果 ……………………………………………………37

1.3　改善活動推進に向けた環境整備 …………………………………………39

2.　根っこ改善 ………………………………………………………………………41

2.1　トップ主導の工場現場パトロール …………………………………………42

2.2　4S（整理・整頓・清掃・清潔）……………………………………………42

2.3　3直3現……………………………………………………………………………54

2.4 目で見る管理 ……58
2.5 凡事徹底（継続すること）……61
3. ムダ取り・作業改善……64
3.1 ムダとは ……64
3.2 7つのムダ……64
3.3 ムダ取り・作業改善のテクニック ……72
4. 改善を継続する組織づくり（改善を継続する方法）……76
4.1 組織を活かすための基本知識 ……76
4.2 各部署でクレドを作る ……78
4.3 朝礼の実施 ……79
4.4 小集団活動の実施 ……80
4.5 ICTシステム導入に必要な人材とその確保 ……82
4.6 作業日報を付けるより生産管理システムの導入を考える ……88
4.7 生産計画とシフト制の導入 ……89
4.8 【人時】管理の導入の勧め……93
4.9 作業の標準化を行う ……96
4.10 「パレット」載せ替えを削減する ……96
4.11 清掃時間を見える化して短縮……96
4.12 障害者を雇用する……97
4.13 全員参加の好調保全…… 101

第3章 損益分岐点の視点で見た生産性向上…… 107

1. 経営全体を俯瞰―損益分岐点分析の勧め …… 107
2. 収益向上の方法…… 110
3. 部分最適から全体最適へ―その課題と対応策…… 112
4. 生産性向上の効果…… 117
5. 生産性向上以外の利益向上策…… 117
6. 改善事例…… 119

第 4 章　食品工場の自動化……………………………………………………… 121

1.　今，食品工場では ……………………………………………………… 121
1.1　機械化と自動化の違い ………………………………………………… 122
1.2　自動化の現状と課題 …………………………………………………… 123
1.3　生産年齢人口の変化と食品製造業の自動化の必要性 ……………… 124
1.4　なぜ自動化が遅れているのか ………………………………………… 125
2.　モノづくり工場の自動化へのアプローチ …………………………… 127
2.1　自動化は難しい技術か ………………………………………………… 127
2.2　「生産技術」を鍛えよう ……………………………………………… 129
2.3　自動化の検討ステップ ………………………………………………… 131
2.4　何から着手すべきか …………………………………………………… 133
3.　食品工場での自動化は ………………………………………………… 134
3.1　食品工場だから求められること ……………………………………… 135
3.2　HACCP 対応……………………………………………………………… 136
3.3　工程の独立性と連続性 ………………………………………………… 136
3.4　食品加工技術への対応 ………………………………………………… 137
4.　自動化を成功させるための勘所 ……………………………………… 139
4.1　自動化の導入の前提としてのロードマップ・青写真を描く …… 140
4.2　安全な食品を作る ……………………………………………………… 140
4.3　儲かる食品工場を目指す ……………………………………………… 141
4.4　投資判断とシミュレーション ………………………………………… 142
4.5　工程設計の成果物 ……………………………………………………… 144
4.6　設備管理の視点で評価する …………………………………………… 145
4.7　ロボット導入のすすめ ………………………………………………… 147
4.8　AI 導入のすすめ ………………………………………………………… 148
5.　ま と め ………………………………………………………………… 149

第5章　食品製造現場の改善事例…… 150

1.　動作のムダを減らして，肉体的疲労を軽減する …… 150
1.1　〈事例1-1〉秤量，水切りの肉体的負荷軽減 …… 150
1.2　〈事例1-2〉秤量のための運搬をなくす …… 151
1.3　〈事例1-3〉素材コンテナの運搬，ひっくり返し作業をなくす … 152
2.　付加価値の低い人手作業を見直す …… 153
2.1　〈事例2-1〉脱水機の蓋押さえ作業の省略 …… 153
2.2　〈事例2-2〉かぼちゃの加工手順，レイアウト見直し …… 154
3.　備品の適切なサイズを見極める …… 155
3.1　〈事例3-1〉白菜のみじん切り工程における道具の見直し …… 156
3.2　〈事例3-2〉豆選別装置の段取り時間短縮 …… 157
3.3　〈事例3-3〉袋詰め作業見直しによる要員削減 …… 159
4.　類似作業の重複を見直す …… 160
4.1　〈事例4-1〉仕掛品の秤量基準見直し
（キャベツのカット処理Ⅰ）…… 161
4.2　〈事例4-2〉キャベツの選定基準，頻度見直し
（キャベツのカット処理Ⅱ）…… 162
5.　作業分担を見直す …… 162
5.1　〈事例5-1〉かきあげセットの分担見直し …… 163
6.　適切な作業標準を設定・運用する …… 164
6.1　〈事例6-1〉キャベツの仕上げカット手順の標準化 …… 166
6.2　〈事例6-2〉和菓子店で，あんこの盛り付け量を設定して黒字化 … 166
7.　動線を整理する …… 167
7.1　〈事例7-1〉人参のイチョウ切り，検査工程の動線見直し …… 167
7.2　〈事例7-2〉カニの仕上げ梱包工程の動線見直し …… 170
8.　適切な機械の導入や作業実態を見直して，作業時間の短縮を図る … 173
8.1　〈事例8-1〉和菓子製造における自動機械の導入と生産性向上 … 173
8.2　〈事例8-2〉包装フィルム切替方法変更による段取り時間短縮 … 175
9.　工場収益の向上 …… 177
9.1　〈事例9-1〉すべての個別製品のコストの内訳を把握する …… 177

第6章　食品企業を取り巻く環境の変化と市場を切り拓くイノベーション …… 179

1. コロナ禍で大きく変化した食品市場 …… 179
 1.1 コロナで顕在化したこと …… 179
 1.2 コロナ禍で変わった食品市場 …… 184
2. 求められる多様性と対応力 …… 187
 2.1 食品産業におけるSDGsへのシフト …… 187
 2.2 日本の農林水産物・食品輸出　1兆円超え …… 192
3. 今この変動の時代に強い企業へと導くイノベーションを …… 199
 3.1 イノベーションとは何か？ …… 200
 3.2 成功するイノベーションの条件 …… 208
 3.3 成功する企業家の条件 …… 208
4. マーケティングについて …… 209
5. イノベーション設計の例 …… 212

第7章　事業転換・イノベーション以前に知っておくこと—食品工場の新設・改装の留意点 …… 216

1. 工事業者・設備業者の実態について …… 216
2. 工事計画の留意点
 (効率よく低予算で生産活動を行うための工事計画とは) …… 217
3. 食品工場の現場改善の留意点 …… 218
4. 従来の飲食業の業態転換・拡大に伴う施設・設備変更の留意点 …… 221
5. 物件選択の留意点 …… 228

第1章　HACCPを取り込んだ力強い生産性向上を

1.　食品製造業の経営環境

1.1　移り変わる安心・安全、HACCP法制化の背景

2021年6月1日から原則として，すべての食品等事業者（食品衛生法第3条に定義）にHACCPによる食品衛生管理の導入が求められています．ここでは，HACCPの法制化に至った背景と期待される効果について，説明します．

1)　HACCP導入の背景

少子高齢化が進んだことや働き方が多様化したことで，調理済み加工食品や外食，中食へのニーズが社会的に増加しました．消費者全体に健康志向の高まりも見られ，健康食品の利用も広がる一方で，食中毒や異物混入，健康食品による健康被害といった，食の安全を脅かす問題は後を絶たず，食の安心・安全

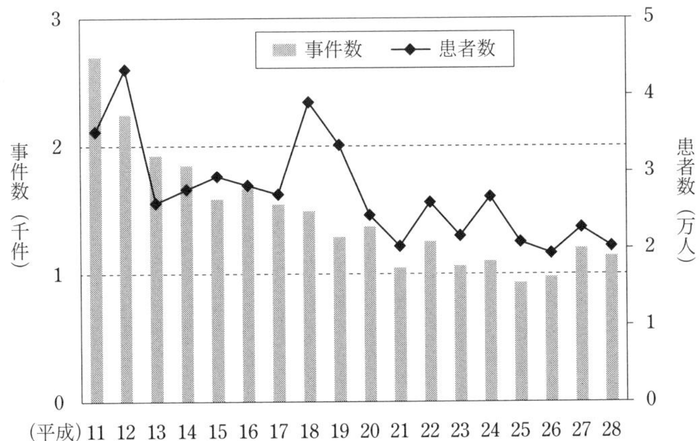

出典）厚生労働省HACCP説明資料より抜粋

図1-1　2万人で下げ止まりする食中毒患者数

はいっそう意識されるようになりました．流通する商品数の増加に従って，物流量は増加の一途をたどっていき，食中毒や異物混入，健康被害の問題はその影響範囲が都道府県などを超える広域な範囲に及ぶようになっています．また，食のグローバル化がいっそう進み，輸入食品の種類も増加していますが，国内の食品等事業者の衛生管理の手法や，食品用器具・容器包装の衛生規制の整備など，先進国を中心に取り入れている国際標準から遅れている部分があります．従来の日本の食品衛生管理方法は，「抜き取り検査」によるものが主流でした．この方法は抜き取った対象品以外に汚染が広がっている場合は，見逃してしまうという弱点がありました．

この弱点は，広域に複雑化し広がってしまった食料品のサプライチェーンの中で，発生する危害要因のリスクを拡大します．そのため，食中毒の患者数は約2万人で下げ止まりしており，抜本的な対策が必要になっていました．

そこで，すべての食品の製造工程において危害要因が確実に排除される適切な管理が実施され，問題が発生した場合適切な対応が取れるように，これまでの一般衛生管理に加えて2021年6月からHACCPによる食品衛生管理が法制化されました．

正確には，「図1―2　厚生労働省が示した資料より抜粋したHACCP対象業者」に示したように，業態・業種と規模によってその対応は変わりますが，食品製造事業者は安全な食品のサプライチェーンのメンバーとして，HACCPに沿った食品衛生管理を導入することが必要となりました．

2) HACCP導入の効果

HACCPの法制化によって，HACCP導入企業であるという条件のもと一定の管理レベルの企業だけがサプライチェーンに参加できる素地ができます．逆にHACCPを導入していない企業はサプライチェーンから排除されてしまうことになります．

HACCPを導入すれば，製造工程において危害要因を除くための重要管理ポイントを設定して，危害要因を取り除く条件を記録し管理することになります．このような記録が食品安全を保証し，販売店と製造者の食品リスクを低減し，問題発生時にも原因追及が迅速に行える体制を取ることが可能となり被害を最小限に抑えることが期待できます．

HACCPを導入した食品製造業者は，小売業等の発注者にとっても安心して取引できる企業となり，より食品に関する経済活動を活発化させることができます．また，国際標準であるHACCPに対応することで，海外との取引の活性化を図ることも期待されます．

3) 罰則

HACCPを導入しない場合については特定の罰則はありませんが，そのことで何らかの事故などが発生した場合は，業務停止命令から最大で「3年以下の懲役」または「300万円以下（法人の場合は1億円以下）の罰金」という罰を受ける可能性があります．

また，取引先のサプライチェーンから排除される可能性もあります．現在のサプライチェーンでは，HACCPを導入している事業者から調達をすることが進んでいます．加えて，小規模の食品製造業であっても，取引先からHACCPに準拠した衛生管理をするように求められます．

全ての食品等事業者（食品の製造・加工，調理，販売等）※**が衛生管理計画を作成**

食品衛生上の危害の発生を防止するために特に重要な工程を管理するための取組（**HACCPに基づく**衛生管理）	取り扱う食品の特性等に応じた取組（**HACCPの考え方を取り入れた**衛生管理）
コーデックスのHACCP原則に基づき，食品等事業者自らが，使用する原材料や製造方法等に応じ，計画を作成し，管理を行う． **【対象事業者】** ◆ 大規模事業者 ◆ と畜場［と畜場設置者，と畜場管理者，と畜業者］ ◆ 食鳥処理場［食鳥処理業者（認定小規模食鳥処理業者を除く.）］	各業界団体が作成する手引書を参考に，簡略化されたアプローチによる衛生管理を行う． **【対象事業者】** ◆ 小規模な営業者等（詳細は図1-3参照）

※ 全ての食品等事業者
- 学校や病院等の営業ではない集団給食施設もHACCPに沿った衛生管理を実施しなければなりません．
- 公衆衛生に与える影響が少ない営業（※注1）については，食品等事業者として一般的な衛生管理を実施しなければなりませんが，衛生管理計画の作成及び衛生管理の実施状況の記録とその保存を行う必要はありません．
- 農業及び水産業における食品の採取業はHACCPに沿った衛生管理の制度化の対象外です．

図1-2 厚生労働省が示した資料より抜粋したHACCP対象業者

小規模な営業者等とは

① 食品等の取扱いに従事する者の数が，50人未満の小規模な製造・加工等の事業場
② 製造･加工した食品の全部又は大部分を併設された店舗において小売販売する営業者（※1）
③ 飲食店等の食品の調理を行う営業者（※2）
④ 容器包装に入れられた食品又は包まれた食品のみを貯蔵，運搬，又は販売する営業者
⑤ 食品を分割して容器包装に入れ，又は包んで小売販売する営業者（※3）

※1：菓子の製造販売，豆腐の製造販売，食肉の販売，魚介類の販売等
※2：飲食店営業のほか，喫茶店営業，給食施設，そうざい製造業，パン製造業（消費期限が概ね5日程度のもの），調理機能を有する自動販売機が含まれる
※3：青果店，コーヒーの量り売り等

図1–3　HACCPにおける小規模な営業者等とは

1.2　安全性の確保は生産性向上の大前提

1)　安全性の確保は食品製造業の義務

安全性の確保は，食料品製造を業として行うすべての人たちの大前提です．特にHACCPの法制化後は，サプライチェーン上のほとんどの企業が，導入やそれに準拠した衛生管理の導入が求められています．また，HACCP認定企業は，自社が調達する先の企業にも同様の管理や品質を求めるようになります．

衛生管理上の事故が発生した場合，衛生管理における十分な管理ができているかどうかはHACCPの記録によって，短時間で特定され，原因となった企業も特定されます．

一方，自社の責任でなかったとしても，HACCP導入を行っていなかった企業が証拠となる記録を持っていない場合には，責任を押しつけられる可能性が十分に考えられます．

前述の通り食品衛生法の罰則は中小企業にとっては大変重いものです．したがって，今，この時期にあって安全性の確保に積極的に対応することが，中小食品製造業が生き残る唯一の選択肢です．

2) HACCPの目指す安全性は対象とする消費者によって異なる

HACCPの目指す安全性は，対象となる消費者の安全性の範囲に限定されます.具体的には,乳児向けとなる離乳食や幼児食は高いレベルの安全性が必要であり，医薬品に近いレベルの安全性が要求されます．また，表示法上も「本品は（食品衛生法に基づく）乳児用食品の規格基準が適用される食品です.」「乳児用規格適用食品」「乳児用規格適用」などの表記が必要になります.（乳児用規格適用食品以外の食品にあっては，乳児用規格適用食品である旨を示す用語又はこれと紛らわしい用語の使用は禁止されています.）

一方で，一般人向け食品であれば，乳児ボツリヌス症の可能性は排除できるので，ボツリヌス中毒発生のリスクがある容器包装詰低酸性食品以外は，ボツリヌス菌の芽胞を滅する工程を製造工程に入れる必要はなくなります.

3) HACCPを成功させるためには一般衛生管理が最も重要である

HACCPは，原材料の受入から製品出荷までの全ての工程で危害要因（HAZARD）を特定・評価し，対象となる危害要因を排除または健康被害を起こさない程度まで低減する対策を実施することで，製造するすべての食品の安全を保証するものです.

危害要因分析の結果,特定の危害要因（病原微生物など）をその工程（加熱工程）以外では排除または健康被害を起こさない程度まで低減できない場合，その工程（加熱工程）を重要管理点（CCP）として設定し，リスクの排除・低減を確認できるパラメータ（モニタリング基準:例えば中心温度85℃以上）を定めて連続的に監視することがHACCPの要諦です.

しかし，重要管理点（CCP）のみの監視や記録だけでは食品の安全は保証できません．例えば重要管理点（CCP）である加熱工程で規定通りに加熱できたとしても，その後の工程で従業員からの二次汚染が発生してしまうと，食品の安全が保証できなくなります。また，加熱前の保管温度が高いと，食品中に存在する黄色ブドウ球菌やセレウス菌が毒素を産生する恐れがあります。これらの毒素は耐熱性が非常に高く，通常の加熱調理では失活せず食中毒の原因となります.

このように重要管理点（CCP）以外の工程管理（一般衛生管理）で危害を制御出来なければ，HACCPは機能しません．一般衛生管理には，敷地内や工場

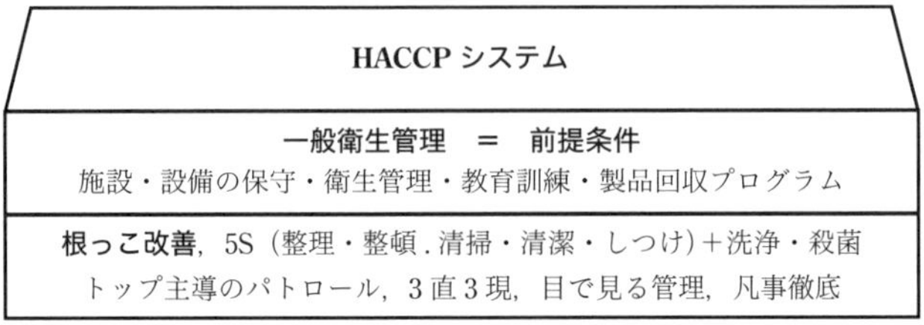

HACCPシステム
一般衛生管理 ＝ 前提条件 施設・設備の保守・衛生管理・教育訓練・製品回収プログラム
根っこ改善，5S（整理・整頓．清掃・清潔・しつけ）＋洗浄・殺菌 トップ主導のパトロール，3直3現，目で見る管理，凡事徹底

図1-4　現場改善のベースと一般衛生管理およびHACCPの関係

内の環境整備・従業員の衛生規範・食品の衛生的な取扱い・衛生のための施設とその管理・設備及び器具の衛生・工程及びその管理・保管および流通・製品回収プログラムなどがあります。一般衛生管理はいわばHACCPの土台であり前提条件です．

一般衛生管理には，整理整頓や交差汚染の防止のためのレイアウトの見直しも含まれるので，これらのレベルを上げることで安全性を確保した上で生産性を向上することが可能です．

HACCPシステムと一般衛生管理の関係を図1-4に示しました．図1-4の最下層は,「第2章　現場改善」に説明する「2. 根っこ改善」です．根っこ改善は,整理整頓・衛生管理・生産性向上の従業員のものの見方を一つにまとめ，一丸となって目的に向かって行動するための根本となる手順です．

4)　食品工場の立地に関する要求事項

以前，視察した工場の中には，森の中にある工場もありました．その工場の建屋は古く，回転型の換気扇が高い位置にあり，その前には網戸のサイズのメッシュが設置されていましたが，換気扇の下にはところどころ，外から入ってきたと思われる粉塵がありました．また，カビが生えている部分がありました．一部では，天井の明かり取り窓の下に，微生物のコロニーのようなものができていました．

コロニーと粉塵，および，その他数カ所からサンプルを採って，培養試験を行ったところ，酵母菌と黒カビ，アオカビが検出されました．

この工場は，森の中にあるというだけでリスクを抱えています．外部からの泥などの粉塵や，細菌，昆虫の侵入リスクです．一般的に，泥には何らかの細菌やウイルスが存在しています．昆虫も同様です．

この工場の例のように，立地によっては対応しなければならないリスクが大きくなるケースがあります．外界と完璧な絶縁状態にしたとしても，森の中では鳥がぶつかることや，動物が壁の下に穴を掘ることもあります．できれば食品工場を森の中に作るのは避ける方が無難です．

このような工場の一般衛生管理を改善するには，換気扇やエアコンのフィルターをTPAフィルターや，HEPAフィルターなど高機能フィルターに交換したり，建物のドアや窓を密閉性の高いものに交換する必要があります．

HACCP認定の規格の中には，工場立地に関する要求事項があります。それは「組織は，事業場の汚染が防止でき，かつ，製品の受入・保管・製造・配送が安全にできる場所に立地させ，維持しなければならない.」というものです．これは新たに工場を作る場合はその場所を調査して，食品安全に影響する汚染リスクがないことを確認する必要があるということです．では，既にある工場の場合はどそうしたらよいのかというと，工場周囲の汚染リスクを評価し，そのリスクに対して十分な対策を講じることが求められます．リスクの評価とその対応が重要となります．

2. よくある経営者のカン違い

2.1 安全性より受注を優先せざるを得ない？

中小の食品製造業の社長の中には，HACCPの導入違反に関する罰則は定義されていないから大丈夫と思っている方がいるかもしれません．

その認識は確実に間違いです．HACCPは2021年6月1日から法制化されました．HACCPを導入せず，その結果食品衛生法違反の食中毒事件などを起こした場合は，罰則が適用されます．食品衛生法の最も重い罰則は，「3年以下の懲役」または「300万円以下（法人の場合は1億円以下）の罰金」となります．

HACCPを導入しておらず，導入していないことを行政から指摘されたりした場合には，法的に罰則を受けなかったとしても，大手の取引先から取引停止などの制裁を受ける可能性があることを忘れないでください．そのような理由から，HACCPの導入を優先し，受注をその次の優先度にされることをお勧めします．

なお，HACCPの導入が十分でない場合や，ご自分の会社のHACCPの確認をされたい場合は，導入コンサルティングや監査コンサルティングを受けられることをお勧めします．

今，プレッシャーをかけている発注側企業もHACCPに沿った衛生管理を実施していない企業と，付き合っていくことができるでしょうか？．発注側企業が大企業であればコンプライアンスの観点から，そのような企業との取引はできなくなる可能性が高いのです．今，発注側圧力に抗せずHACCPを後回しにしたら，発注側企業からその後の発注は期待できないでしょう．

2.2　現場改善は十分にやっており，更なる改善の余地はない？

改善活動は継続することに大きな意味があります．常に改善の視点で現場や工程を見直そうとする意識付けや習慣付けが現場の生産性や清潔さ，あるいは収益を維持するために必要だからです．

教育面では，現場を常に改善することを考えながら見る姿勢は，あなたの周りの人たちにも影響を与えます．周りの人たちに改善の見方などを教えながら，現場の社員が改善の視点でものを見て考えることで，改善の考え方を共有できるようになります．あなたの現場に新しい人材が入ってきたらどうしますか？常に改善活動を日常的に行っていなければ，現場に新しく入ってきた人たちとムダ取りに関する価値観を共有することはできません．

工場の生産性の面でも，品質や安心安全の文化を作る上でも，毎日の改善活動は重要です．それは同じものを作り続けている現場でも，多品種少量の現場でも同じです．現場改善の視点で毎日の現場を俯瞰的な目で見ていくことをお勧めします．

経済面では，発注者の多くは，長期にわたって同じ商品を発注すると，必ず値下げを要求してきます．そのような環境下で常に生産性の改善を検討していかなければ，収益性はどんどん下がっていきます．そのためにも継続的な改善が必要です．

多品種少量の製造現場では，同じラインに時間毎に別の製品が流れ，製品の並びも毎日異なるかもしれません．そのような現場では，常に衛生面，ムリ・ムダ・ムラの排除，味の改善など，現場改善の意識で現場を見続ける必要があります．

改善の気付きから大幅な歩留りの改善につながるかもしれません．製造の環境は少しずつ変わっていきます．決して改善の余地がなくなることはないのです．

2.3 閑散期の雇用維持は，固定費分担を無視しても売上規模を確保？

閑散期には，売上は喉から手が出る程欲しい会社も多いでしょう．多くの企業で，受注の平準化は大きな課題です．受注の平準化で最もとってはならない選択肢が，固定費分を無視した価格で受注することです．

固定費とは図 1–5 の間接経費や販売管理費（販売費，一般管理費）に含まれており，図 1–6 にある地代家賃，修繕費，減価償却費の他，売上とは関係なく掛かる経費のことです．例えば，水道光熱費の内，電気代が売上に関係なく発生しているのであれば，その経費も固定費として扱います．また，制度会計（損益表）上は，従業員の人件費や労務費も固定費として扱います．

多くの場合，少なくとも掛かる人件費程度は確保できるようにする企業がほとんどでしょうが，これらの経費は，無視できるほど小さくはありません．次の設備投資の原資としても，有効な減価償却費や設備利用料を確保しなければなりません．設備・装置の老朽化で，設備投資や工場取得費用が賄えず廃業せざるを得なくなった企業もあります．固定費分を無視したこのような取り引きの毒性は，額が大きければ大きい程，その赤字が目に見えていなければいない程，ゆでカエルのようにゆっくりと経営活力を奪っていき，気付いた時には手遅れで，どうしようもなくなるというところにあります．

特に大手から大型の受注を獲る上で，固定費を無視した価格で受注すると，先方はこの取引価格をベースに次も同様の価格で取引しようとします．それだけでなく，同じ商品であれば必ず翌年はさらに値下げ圧力をかけてきます．

また，このような不利な価格で取引する企業は価格交渉力が弱い企業であるため，同じ取引先と取引を継続する以上，価格条件を覆すことは非常に困難です．

例えば，収益性に問題がある食品製造業で，大手小売業との取引を分析すると，多くの場合赤字です．閑散期を何とかしたい企業は，赤字となっている取

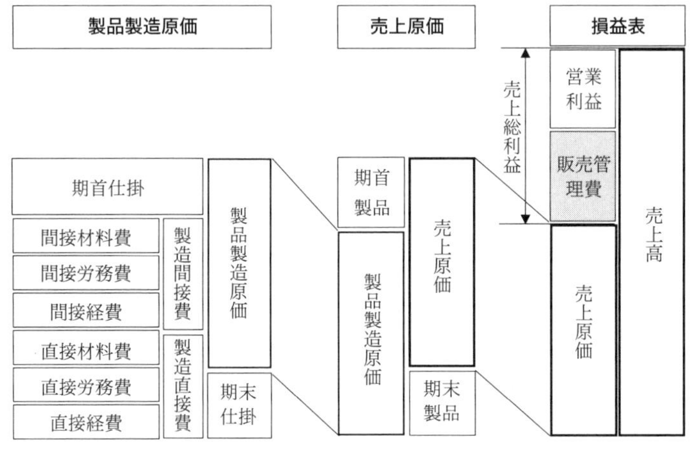

図1–5　売上高と経費の関係

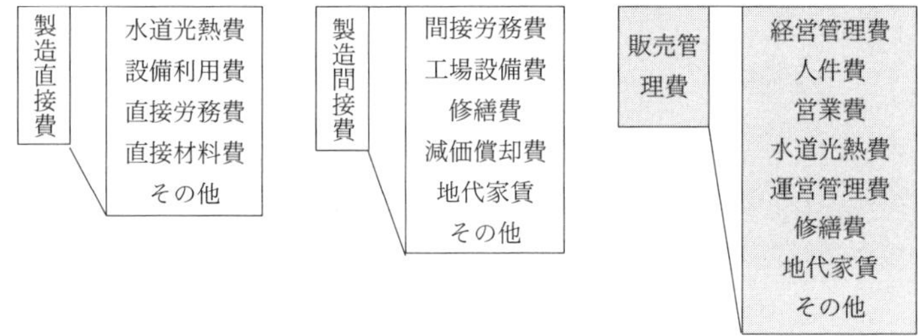

図1–6　経費の内訳例

引を停止することと,イノベーション（innovation）をお勧めします．イノベーションとは，J. A シュンペーターが（1883–1950：オーストリア）提唱した経済発展，企業発展の考え方で，「新機軸」と訳され新しい価値を生み出すことです．このイノベーションを行うことで，新しい取引先や市場を獲得するという選択肢をお勧めします．なお，個別の案件や企業との取引が赤字かどうかを判断するには，我々のような専門家へ依頼して原価分析を行い，ある程度の精度を持った推定値を計算するか，しっかりとした原価管理を導入することです．

前者は一時的ですが，後者は継続的にそのメリットを享受することができます．特に直接材料費と，直接労務費はしっかりとした管理の導入をお勧めします．

以前は，何千万円もしたので，検討の候補にもなりませんでしたが，最近では労務費などはSuicaやPASMOなどによる認証クラウドシステムが安価に提供されています．また，製番管理などが行えるようなERP（Enterprise Resources Planning：企業のヒト・モノ・カネ・情報を適切に分配し有効に活用する計画・考え方，それを実現するシステムをいう）も安価なものから1～2千万円程度のものまで出てきています．このような仕組みを導入することで，直接費が精度高く管理できれば，間接費は配布基準を定めればよいので原価精度を上げることができます．

これらのシステムの導入により，案件毎の収益性も見える化できます．また，イノベーションを常に考え，起こすことができる企業は，価格交渉力を下げる理由がありません．

原価管理強化のためのシステム導入と，イノベーションへのチャレンジを検討してください．本書は生産性をテーマにしていますので，大きなページ数を割くことができませんが，イノベーションについては第6章に記載しました．

2.4　品質維持には監視作業が重要である？

1)　監視作業には意味がない

監視作業は生産に寄与しませんし，やればやるほどコストが発生します．ではそのメリットは何でしょうか？．監視作業は何のために行うのですか？

一般的には，品質保証が目的であることが多いようです．保証であるならば，一定レベルの定量的な精度が必要になります．精度の規定が前提にないものは気休めと呼ばれます．人の目や耳などで監視する場合，保証を裏付ける程の精度が得られるでしょうか？ほとんどの監視は，監視を行うことで品質が上がると錯覚しているお客様を安心させるための気休めである場合が多いのではないでしょうか？

効果を保証するレベルに到達できない監視作業は廃止すべきです．利益を生む品質維持方法は，監視ではなく工程の中に品質を担保できる技術と設備を織り込み，監視の必要のない製造工程をつくることです．

あるカット野菜工場で，人参の短冊切りを機械で行っていました．規程のサイズにカットする必要があるのですが，どうしても小さな小片などが入ります．

その工場では，2人の監視者をカット機の排出側のベルトコンベアの出口に配置し，小さな切れ端を見つけるとカルタ取りのように，人参を跳ね飛ばして廃棄箱に入れています．なぜ，カルタのような方法で跳ね除けるかというと，このスライサーのベルトコンベアとスライサーから飛んでくる人参の破片のスピードが非常に速いからです．

私が見た限りでは廃棄箱の中のほとんどは正常品で，どこに切れ端があるのかわかりませんでした．それどころか，監視者たちの排除の手を逃れた小さな切れ端が正常品の中に多数見受けられました．この事例での，監視と排除作業は，人件費コストを上げ，歩留まりを下げ，品質を上げていない作業です．悪いことしかないように見えました．

2)　品質はHACCPと一般衛生管理を含む工程設計に入れ込むべし

一般的に製造業やソフトウェア開発業の品質管理においては，原則として品質は設計で担保します．食品製造の品質の設計は技術，治具，工具，道具，人が十分に能力を発揮できる環境の提供，衛生を担保する一般衛生管理手順で行います．HACCPの重要管理点（CCP）が必要であればCCPを設定し，その工程における適切な許容値の設定と，許容値に収めるための生産設備の確保など，環境設計と工程設計を行います．また工程の設備などの衛生状態を確保する清掃の方法やタイミングなども工程設計で対応します．食品業界も科学的な評価・記録・管理方法であるHACCPが法制化されることになり，衛生面での曖昧性が排除されると同時に論理性が担保され，製造工程の設計段階で品質を入れ込むことが容易になりました．

衛生面での品質は，一般衛生管理や工学的な評価・記録・管理方法であるHACCPの観点での工程設計で入れ込むことができます．

衛生面以外の味や触感についてはレシピを遵守することが第一です．材料の形状を一様にし，調理方法や加熱方法の時間・温度を確実にし，またそれを可能にする設備の選択・導入を行います．このようにレシピについても工程設計に入れ込んで行きます．そして，人による監視作業を極力なくしていきましょう．

◆ まとめ ◆

品質保証は工程，および設備設計に工学的見地と工夫によって盛り込みます．監視者を設置しても品質保証にはなりません．なぜなら，人には個体間に能力差と判断基準の受け取り方の曖昧性が存在するためです．曖昧さのある監視は保証にはなりません．保証とは，一定の定量的な基準内に入っていること，一定の記録が残されていることについてのモノであるべきだからです．

HACCP の導入によって，定量的な記録を残すことが求められます．定量的な記録を前提にすると監視者ではなく，監視装置か計測装置が必要になることがわかると思います．例えば，計測を自動化するか，自動的に記録できる設備を使うことの方が，記録者を設置するよりも確実で低費用となるケースも多いのです．設備投資を行う場合は，このような費用もご考慮の上，検討してください．

2.5　設備投資を行えば，必ず生産性が上がる？

「設備投資を行えば必ず生産性が上がる」というのは，設備を販売したい会社がつくるまやかしです．設備投資を行ったのに生産性が上がらない理由の多くは，ボトルネック工程を意識しないからです．

多くの食品製造業は，工程間に連続性があります．ここでいう「連続性」とは，前の工程が終わらないと次の工程ができないということと，工程が連続して動くことです．

例えば，図 1-7 のような工程編成があるとします．工程名の下にある秒数は，各工程の処理時間です．

ABC，ABD，AC の各製品の上には製品ごとの製品ピッチタイムを記しました．製品ピッチタイムとは，各製品を製造するラインの最終工程から製品が送り出される時間間隔を示します．

例えば，1,000 万円の新設備を導入して，工程 ABD1 の生産スピードを 2 倍にする（工程時間を 50 秒から 25 秒に短縮する）と，製品ピッチタイムに変化はあるでしょうか？　1,000万円を投資したのだから，さぞかし高い効果がありそうです．しかし，ABD1の工程時間がたとえ0になったとしても，製品ピッチタイムは当該製品を製造するラインの中で最大の工程時間に一致するので，製品ABDのピッチタイムは100秒のままなのです．つまり，工程ABD1を改善しても製品ABDの生産性は改善せず，1,000万円は無駄になるということです．

この現象を少し詳細に説明しますと，図1-7に示すように，製品ABDを産出するラインの工程は，A1（30秒）→AB1（100）→ABD1（50）→ABD2（30）の工程で構成されます．カッコ内の数字は工程時間（秒）です．上記の例では工程ABD1に新設備を入れて50秒から25秒に短縮したわけですが，ABD1が25秒で仕掛品を排出したあと，ABD1の前工程のAB1はこのラインで最大の工程時間100秒であるため，ABD1に次の仕掛品が入るまで75秒（100－25秒）待たなくてはなりません．結局，最終製品ABDのピッチタイムは100秒となります．

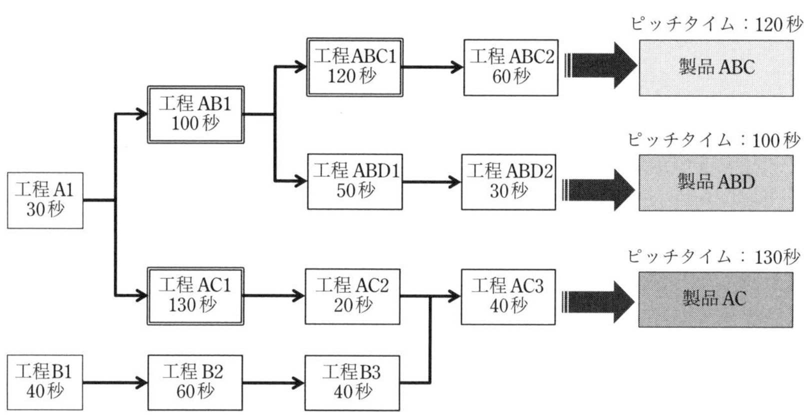

・工程の枠の中の秒数は工程で1ワークが処理される時間．
・ピッチタイム（＝サイクルタイム）は，製品が産出される時間間隔．
・二重枠の工程は，ボトルネック工程．
・ボトルネック工程とは，「構成要素の中で能力が最小で能力所要量が利用可能能力を上回っており，事実上全体の能力を決めている工程」と「生産管理用語辞典」(㈳日本経営工学会編）には説明されています．食品製造業では，1つの材料から複数の製品を生産することが多いので，特定製品にかかわる一群の工程の中で最も生産能力が低く，事実上当該製品の生産能力を決めている工程と解釈しています．

図1-7　依存性と連続性のある工程編成の例

ラインで最大の工程時間を持つ工程をボトルネック工程といいます．ここで示したいのは，この事例のように，ボトルネック工程以外をいくら改善しても，生産性の面では意味がないということです．

次の例も図 1-7 で示します．まず，工程 ABC1 に設備投資をして，工程時間を 120 秒から 30 秒に短縮できるとします．設備の営業マンは，“生産効率が 4 倍になるのだから設備費用の 1,000 万円は大変お安いです．製品 ABC は，同じ時間でこれまでの 4 倍作れるようになり，これまで繁忙期に生産が間に合わずに販売できていなかった 2,000 万円の売り上げが今年から見込めるようになりますよ !!” なんてことを言って売り込みます．

しかし，工程 ABC1 が 30 秒になっても，改善後にボトルネック工程となる AB1 の工程時間が 100 秒であるため製品 ABC のピッチタイムは必然的に 100 秒となり，ABC の生産効率は設備投資前の 1.167 倍にしかなりません．

◆ まとめ ◆

設備投資をしても，ボトルネック工程の改善でなければ効果がありません．

ボトルネック工程とは，製品毎の生産ラインで最も工程時間が長い工程です．ボトルネック工程の工程時間は製品生産ラインのピッチタイムとなります．ボトルネック工程はラインで最大の工程時間の工程ですから，1 つのボトルネック工程の生産効率を改善し工程時間を短縮すると，次のボトルネック工程，これを改善するとその次と，次々にボトルネック工程は移っていきます．つまり，設備投資予算の妥当性評価はライン全体の生産性向上について見る必要があり，生産性改善率についてライン全体を見なくてはなりません．

2.6 食品は，安全が命．安全を優先すると生産性は犠牲になる？

生産性は安全性が確保された前提で最大化すべきものであり，安全性が確保されていないものをお客様に提供することはできません．安全性の確保が食品である前提です．この観点からみると「安全を優先すると生産性は犠牲になる．」と考えることは，食品製造に携わる者としてはあってはなりません．

しかしながら，先に述べた通り安全性には対象となる消費者に応じて範囲が異なります．動物と人間，乳児と一般成人など，対象によってその内容も安全性のレベルも変化します．想定される消費者にとって安全な食品であることが要求されるのです．そのために表示法でも，アレルゲン（特定原材料）の表示が必須となるなど，対象とする消費者を限定する形で変更されています．

対象とする消費者を前提にした安全性です．対象消費者が安全に摂取できるレベルの安全性を確保できる範囲で，生産性を最大化することが食品製造業の収益性を高めることに繋がります．

HACCPが食品製造業のサプライチェーンにおいて，多くの企業で導入されたので，だれが手を抜いたかよくわかるようになります．加えて，HACCPによって科学的な評価と統計的な記録による管理が行えるようになると，安全性と生産性は，他の産業と同様に設備設計や工程設計で入れ込むことがことができるようになります．一般衛生管理やHACCPの導入自体，衛生安全のリスクがどこに入り込むかを工場や設備および工程全体で評価し，リスクを最小化する仕組みを作り上げることだからです．また，計測や記録の自動化可能な設備や，衛生安全を維持しやすい分解清掃が容易であったり，菌の繁殖を抑えるような素材の設備を選択すること，重要管理点の数を最小とするような工程設計を行うことが，生産性の向上を図ることになります．

「安全性」と「生産性」はどちらも高めるべきことなのですから，設備設計および工程設計に注力し，必要な設備投資を行ってください．そうすればこれまで以上に生産性を上げることもできるかもしれません．

3.　現場改善前にしなければならないこと

現場の改革をより効果的なものとするためには，従業員を仲間にして貢献意欲を引き出し，全社全従業員が協働して改革を進めることが肝要です．

3.1 改善前に最初に行うべきこと

改善を進めるうえで最初に行うことは，今どういう状態なのかを明確にし，従業員や部下との間で危機感を共有することです．リーダー1人で改善を進めるのは基本的には無理であり，非効率です．最も効率が良いのは，組織力を活用してみんなが1つの目的に向かい，みんなで考え，みんなで改善していく方法です．従業員すべてを協力者・賛同者にすることです．

では，従業員や部下を協力者・賛同者にし，改善の目標を達成するにはどうすればよいのでしょうか？

1930年代，経営学者で現役の経営者でもあったC.I.バーナードは，著書『経営者の役割』の中で，「協働」という概念を定義しました．

バーナードは経営者でもあり，自身の仕事について深く考えていったところ，「経営者の役割とは何であるのか」という疑問にたどり着きました．その疑問を解決するために，「自身が経営している組織とはどのようなものであるか」を定義づけることから始め，「1人では達成困難な目標を，皆がそれぞれの力を持ち寄って対応し達成する集まりこそ組織であり，それが協働である」ということを示しました．

協働とは

1. 共通の目的を持つこと
2. 貢献意欲があること
3. 相互にコミュニケーションがあること

の3つの必要条件があり，それを満たすことで，1人では達成不可能な目的も達成できるようになることを示しました（図1-8）．これは今から80年ほど前のものであり，専門的には様々な評価がありましたが根源的に否定されること

図1-8 組織が効率的に機能する条件

はなく，現在でもスタンダードになっています．つまり，実際に使える理論であるということです．

リーダーが部下を信用せず，価値観も共有せず，強制的に改革を進めようとする場合，リーダー以外の者の行動は「言われた通りの範囲だけ」「指示待ち」になりがちです．このようなケースでは，リーダーは常に指示をしなければならず，その仕事の範囲は1人では支え切れないほど拡大するため疲弊し，結局は結果が出ない，ということになります．

一方，チーム全体が1つの目標や危機意識を共有し，みんなが「チーム（会社）や仲間のため」という貢献意識を持って，互いに尊重し話し合い，協力し合いながら改善を進めるような環境を整えることができれば，改善は成功します．

そのためにリーダーのとるべき行動は，

a. 良いか悪いかの価値判断の基準を明確化する

b. 問題点への対応や課題解決状況を把握し，共有する

c. みんなを正しい方向に導く（現状，全体目標，危機意識の共有を通じて）

d. 提案実施のために権限と役割，および改善策実施の許可を与える

e. 実施の効果を計測し，次の改善につながるように仕向ける

以上のような行動ができれば，貴社のチームは自立的に様々な問題を解決し，貴方の想像を上回る結果を生み出します．

そして，バーナードが示した3つの要素のうち，最初に皆さんが行うべきことが，「共通の目的を持つ」ことであり，そのために行うことが，「危機感と価値観の共有から，改善の全体目標を定義すること」です．つまり，改善は“危機感と価値観の共有”から始まるのです．

3.2 経営者・従業員・従業員同士のコミュニケーションを定常化する7つの方法

「改善」は，危機感と価値観の共有から始まります．そのために必要なのは，「コミュニケーション＝対話」です．

経営者が，正直に現在の窮境状況を示すことで危機感が伝わり，協力を依頼することで賛同してくれる従業員が出てきます．

最初は少数かもしれませんが，何度も対話の機会を設け，経営者が何をしたいか，従業員にどうあってほしいかなど自分の戦略と強い思いを粘り強く何度も伝えること，従業員の質問に真摯に受け答えすることにより，従業員に思いが伝わります．こういった経営者の行為が危機感と価値観の共有を促進し，“自分が何とかしなければ”という強い貢献意識を引き出します．

危機感と価値観を共有し，同じ目標を共有するようになると，不要な電灯の消灯などの節電行動や，事務処理から生産作業まで，すべての領域で無駄を削減するなど，様々な自発的な改善提案が実行されるようになり，自律的な組織をつくることが容易になります．

「危機感と価値観の共有」のための対応策には，表 1-1 のようなものがあります．このような動機付けができてはじめて，コミュニケーションの方向性が決

表 1-1　危機感と価値観の共有を行うために検討すべき施策

No.	実施内容	経営戦略 人事組織戦略 上のカテゴリ	効　果
1	外部専門家による経営診断	現状把握 現状整理	経営環境の現状把握と，改善戦略の優先順位付 危機感の共有，目標の共有
2	幹部会議の設置	会議体設置	経営幹部による状況共有と対応策策定，及び，幹部の行動目標の共有
3	経営状態の共有	現状の整理・共有	危機感の共有
4	経営理念の再構築と公開	経営理念 価値感共有	経営理念を現状の経営環境と将来あるべき会社の姿に合わせて再設定することで，経営理念がより現実味のあるものとなり，浸透しやすくなります。
5	従業員憲章の設定と公開	経営理念 価値感共有	従業員憲章は，品質やおもてなしや，相手を多い遣る心とか，誇りを持ち自立的に活動できる従業員を育成することに効果を発揮します
6	経営目標数値の決定と発表	経営目標設定	目標の共有
7	社員会議の実施	会議体設置	経営の窮境状況の共有，経営者が行いたいことの伝達と質疑応答を全社員を対象に行うことで，経営者の本気度を伝え，改善に対して本気で取り組んでいくという価値観を共有する

まります．

これらのうち適用すべきものは会社や現場によって異なりますが，優先順位に基づき，1〜7まで示しました．

表1-1に示した実施内容について，以下に詳しく述べます．

1)　外部専門家による経営診断

中小企業診断士などの外部専門家に経営診断を依頼することで，現状を正確に把握し，経営の方向性や，解決しなければならない課題などを明確にすることができます．最初に方向性や立ち位置を決め，材料が提供されるため，その後の改善活動を有効性の高いものとすることができます．なお，経営診断を実施する目的を外部専門家に予め伝えておくと，より良い結果を得やすくなります．

また，経営診断の費用については，商工会議所，商工会，商工会連合会，地方自治体などの支援機関の支援策や，ミラサポ制度（経済産業省の制度で専門家派遣を無償で受けることができる）を活用することが可能であり，費用の一部あるいは全額を，これらの機関が提供する支援策で賄うことができます．

> 現在の状況を把握することは，今後の改革の方向性や改善計画を作成するうえで非常に重要です．そのために，国や地方自治体の補助金などの支援策をうまく使って，専門家による経営診断を受けることをお勧めします．

2)　幹部会議の設置

同族企業間では，幹部会議が行われることは少ないようです．幹部会議は，経営者，工場長，営業トップ，総務などスタッフ部門のトップ，その他現場責任者で構成される会議であり，製販会議も兼ねているものです．少なくとも幹部間での情報共有は必要です．特に同族企業であれば，同族以外の幹部を入れることによって同族や家族間にある甘えを排除し，行動計画の実効性が高まります．

幹部会議が実施されていない場合は，経営管理の機能や経営幹部での情報共有ができていないケースがあります．

経営管理的な情報が共有されない場合，経理担当者や経営者に，引き落とし期日と支払額が直前まで伝わらないことがあります．自社の資金繰りの余裕以上に支払額が大きい場合には，不利な条件の短期融資を使わざるを得なくなり，支払額の工面ができずに危機的な状況に陥ることも十分考えられます．

> 幹部会議の設置は情報共有のほか，経営幹部から集まる情報により経営の現状が「見える化」できること，経営者の意向を幹部に伝えることや幹部の理解状況を確認できること，問題を事前に発見し事故や損失の発生前に対応できることなど様々なメリットがあります．

3) 経営状態の共有

従業員との経営状態の共有は“両刃の剣”です．良い面では，従業員の経営参画意識を高め，団結を深め，貢献意欲を醸成する原動力になります．一方，悪い面では，特に窮境状況にある場合，将来に希望が見えないと感じ，退職者が増加するだけでなく，悪い噂が立つこともあります．そのような状態をつくらないためには，窮境状態を共有するとともに改善策とその実行プランを策定し，担当責任者を指名して権限譲渡を示すことです．また，窮境状況を共有したときに従業員は不安を感じ，いくつかの質問をしてくると思いますが，そのときには誠意をもって従業員が納得できるように答えてください．

ここまで説明するとおわかりになると思いますが，窮境状態にある企業が経営状態を従業員と共有する際には，事前に以下のようなことを準備します．

- 改善案に見落としがないかどうか十分な検討を専門家とともに行う
- 従業員から質問される内容について，事前に対応を考えておく

また，改善案の説明には，以下のようなポイントがあります．

- 経営者の心からの願いとして伝えるとともに，改善策の実施が従業員自身のためになるということを伝える
- 「自分達にはやらなければならないことがある」「自分達にはできるんだ」と従業員に思ってもらえるように伝える
- 従業員に，改善策は「自分でもできる」「自分ならこうする」と思えるように，経営者自らが対話を続ける．最初の説明は全体の大きな戦

略レベルで，次は部門レベルで，最後は同じ作業や役割を持っている個々の人々のレベルで，少しずつ具体化しながら説明する.

・ 誠意をもって説明することで，① 経営者が本気であること，② 自分達にもやれることがあることを自覚する，③ 自分が何をできるかを考えてもらうことができます.

上記の行動の結果は,信頼と貢献意欲,将来にわたっての期待となります．少し時間はかかりますが，こういった行動は考えを共有する強力な仲間をつくります.

窮境状態にある企業にとって経営状況の共有は，協力者として自律的に考え,行動する従業員を育成することがカギとなります.

従業員との経営状態の共有は，特に経営が窮境状況にある場合はリスクを伴いますが，十分な準備と真摯な説明によって従業員を貢献意欲の高い協力者に変えることが可能になります.

4) 経営理念の再構築と公開

皆さんの会社の経営理念は生きていますか？

経営理念は，経営目的そのものや，経営目的を実現するうえでの経営の基本方針，行動規範，果たすべき使命，お客様や従業員への約束，従業員のあるべき姿などで構成されます.

経営理念は，企業の内外に企業の思いや約束を伝えるために最も重要な言葉です.

経営理念について，多くの企業で以下の3つの問題が見受けられます.

a. 経営理念が，現状に合っていない

b. 経営理念が浸透しておらず，価値観が共有されていない

c. 経営理念に従った経営となっていない

社内の改革を行うときには，経営診断を行った専門家の意見なども聞きながらもう一度，経営理念を見直すことをお勧めします.

(1) 経営理念の問題で発生する弊害

経営理念が現状に合っていなかったり浸透していなかったりすると，どのような弊害を生むのでしょうか？　想定される弊害について，先の3つの問題点を取り上げて詳述します．

a. 経営理念が，現状に合っていない

経営理念は，みんなで共有し共通の価値観の源泉となるものであると同時に，取引先企業や最終顧客への約束となるものです．その経営理念が現状に合っていなければ，社内外に同意できない人が増えたり，違和感を覚えることとなり，企業そのものが信用されにくくなります．

例えば，ある食品製造会社の経営理念が，「経営の効率化と機動性の強化を通して企業価値の向上を図ることにより，長期的かつ安定的な企業の成長を図る」とあり，「安心安全」「品質」などに関する定義が全く示されていない場合，皆さんはどのように感じますか？　安心安全は？　品質は？　効率さえ良ければ何でもあり？　と不安に思ってしまうのではないでしょうか？

もし，このような経営理念を掲げる会社の従業員であれば，品質や食の安心安全を無視し，「何が入っているかわからないが，他の会社も使っていて安いからこの国からの原料を使おう」という意思決定をするかもしれません．

先のような企業理念を持つ企業は，今の世の中で食品製造業に最も求められている食の安全・安心という点から，衛生管理上や材料調達上の事故が起こってもおかしくありません．

上記は極端な例ですが，現状と合っていない経営理念は，従業員にとって会社や経営者の考えていることがわからず，帰属意識や貢献意欲を低下させるなど，問題の温床となる可能性があります．

b. 経営理念が浸透しておらず，価値観が共有されていない

経営理念が浸透しておらず，価値観が共有されていない場合，経営理念は企業活動に何らの影響も与えなくなります．先に4.1項の図1-9で示したC.I. バーナードの定義する，組織が効率的に機能するための必要条件である「共通の目的」が存在しないため，「組織」とは呼べなくなります．

こういった企業では活動の整合性や一貫性を失い，従業員は自律的に行動で

きなくなるか，自身の個人的理念に従って行動するようになるため，企業活動としては著しく効率が悪くなります．

その結果，余計な費用がかかり十分な利益が上げられない状況を生み出します．

c.　経営理念に従った経営となっていない

市場のニーズや，食品製造業として最も重要な品質について，十分に考慮された立派な経営理念をつくっても，経営者や従業員がそれを尊重し経営理念を実現するために十分な検討を行い，行動計画に落として実行しなければ効力を発揮できません．このような企業の場合，経営者や現場の従業員が経営理念に沿わない意思決定をする可能性が高く，事故の発生確率も高くなってしまいます．

例えば，安心安全が定義された経営理念があっても，度重なる値下げ圧力から，非正規雇用従業員の報酬を減らし，人件費削減を行った企業の工場で，それを不満に思った非正規雇用従業員が，製品に農薬を混入した事件は記憶に新しいのではないかと思います．

この事件の原因は，人件費削減を目的に，非正規雇用従業員の評価・報酬・配置の人事システムを希望の持てない劣悪な条件にしてしまい，会社に貢献したいどころか，復讐したいと思わせるような報酬体系にしたことです．

この報酬体系を決めた経営者，あるいは人事担当者や農薬を混入した非正規雇用従業員にも経営理念が浸透していなかったのではないかと思われます．

このような事件が起きるたびに，行き過ぎた安値偏重主義による経費削減と品質管理の責任のすべてを食品製造業に押し付けてしまっている小売産業の弊害を感じずにはいられません．

因みに，事件を起こした企業の経営理念は次のようなものです．

> “○○は，「食べる」場面で，お客様においしい，楽しい，うれしい，すごい感動を味わっていただくために，冷凍食品の限りない可能性を追求し，皆さまの明るく味わい豊かで，安全な食生活に貢献します．”

日本人の良心を前提に構築されてきた日本企業のシステムは，身内の悪意に対して大変に脆いといわれています．日本で食品の安全を確保するためには，労働者が常に善意の人でなければならないということです．この観点から考えたとき，労働者の幸せを考慮に入れた経営でなければ安心や安全が守れない，ということがいえます．

だとすれば，安心や安全を謳う限りは，すべての労働者が楽しく働ける環境を考えるべきです．そのためにはお金が必要ですが，日本の食品製造業は著しく生産性が低いので，すべての従業員が幸せになれる利益が十分に確保できていません．そのため，非正規か正規労働かで報酬に著しい差をつけてしまい発生した事件です．

例えば,従業員の安心を確保するためにはどうすればよいかを良く検討し,業務が同じであれば報酬も同等となるような報酬体系を導入していれば，このようなことは起こらなかったでしょう．

経営理念に従った経営となっていない場合，経営理念を守る方法について十分に検討されていなかった可能性があります．

立派な経営理念を作ったならば，その実現方法を複数の人材を投入して検討してください．そして，出来上がった行動方針が経営理念にかい離しないように，みんなで共有してください．

これが，経営理念を機能させる唯一の方法です．

(2) 経営理念を活用するためのポイントとその効果

では，どうすれば経営理念を有効に機能させることができるのでしょうか？

そして，その効果とはどのようなものなのでしょうか？　以下に，その3つのポイントと効果を示します．

① 現状に合った経営理念とする

⇒納得性が高く，従業員の理解と取引先の理解が得やすくなる．言い換えると，内外の協力者を得やすくなるという効果があります．

この機能と効果は，組織の大小には関係しない，人間の普遍的な行動原理でもあります．一般に，人は理解できるものは許容するが，理解できないものは排除するという傾向を持っています．この行動原理はいじめなどの動機付けの1つでもありますが，理解しやすい状況をつくることで，従業員の参画意識を高め，取引先が賛同し協力しやすい環境を整えることができます．

② 経営理念を全社に浸透させ，すべての従業員が経営理念に沿った共通の価値観を持ち，意思決定や行動に反映させている

⇒経営理念の浸透によって，個々の従業員のあるべき姿が明確になっているので，従業員は経営理念を実行しやすくなり，そのためにモラール（特定の方向性を示したときの動機付け）は向上します．価値観が共有されるため，価値観を軸とした自律的行動が増えます．経営理念に従った評価報酬基準と，従業員が持つ共通の価値観により正しい行動が評価されると，おのずと品質やサービスレベル，帰属意識やチームスピリットが醸成され，やりがいのある職場が形成されます．その結果，貢献意欲の高い，タフで柔軟な対応力のある組織をつくることができます．

③ 経営者は，経営理念に沿った経営戦略，意思決定を行っている

⇒経営理念に沿った経営戦略，意思決定を行うことで，社内外に理解者が増えていきます．経営者が，経営理念に沿った戦術や経営理念の行動規範を前提とした戦術をとったとき，経営理念に深い理解を示している従業員ほど“この戦術は，経営理念に一致しているな”，という認識を持つようになります．そのとき，“この会社は信じた通りの会社だ，期待通りの会社だ”と認識します．

何度も同じような認識が繰り返されることで，彼らは自分の認識は正しいのだと感じるようになり，経営理念を信頼し，経営理念に従ったより深い行動，自律的な行動をとるようになっていきます．そのような人達が，一握りに過ぎないとしても，彼らは彼らの仲間達とコミュニケーションをとることで，その考えを伝達していきます．

例えば，皆さんが野球選手を応援するとき，ここぞというところでヒットを打ってくれるイチローのような選手が，ヒットが欲しいときに打席に立つと，当然ヒットを期待するでしょう．期待したときに期待したヒットを打てば打つほど，期待した側はその選手に心酔していきます．試合の翌朝には，ヒットや試合の結果の話を，同じチームのファンや野球好き同士

で話し合うでしょう．同じように，会社に対して好意を持ち，経営者に期待し，周りの仲間とコミュニケートすることで，企業理念は伝播していきます．

改革案についても，価値観の共有により理解されやすく，浸透しやすくなります．一部の，懇意にしている取引先企業の担当者にも同じような現象が起こるはずです．このように，その状況に応じた経営理念を定め公開することは，会社の内外に多くのファンをつくることになります．

なお，経営戦略を策定し公開することは，当社はこのような方針を採る企業だと宣言していることと同じなので，その経営理念に共感する企業との取り引きを行いやすくなります．

経営理念を示すことは，経営者や企業の考え方を，内外に理解してもらうことです．そして，従業員が経営理念を理解することは価値感の共有であり，その従業員の意思決定や行動の判断基準となります．その結果，経営参画意識と貢献意欲の高い，自律的で，経営理念に沿った正しい行動のできる従業員を育成することとなり，組織力が向上します．

また，危機感と価値観を共有することで経営改善案が浸透し，効果を発揮しやすくなります．

5) 従業員憲章の設定と公開

「従業員憲章」とは，経営理念をベースに，従業員がどのように行動するべきか，どのような価値基準に拠るべきかを具体的に考える機会を与えるものです．そのため，経営者だけがつくる従業員憲章では，従業員の意識改革を伴うものとはなりません．

一方，経営者と従業員がともに議論しあってつくる従業員憲章は，従業員の経営理念の理解を深め，経営者も意識していなかった行動基準としての経営理念の具体的な形を導き出します．そのため，経営者と従業員の認識の共有化と，短期間での意識改革の原動力となります．

意識改革が進むと，より目的にかなった自律的な行動ができるようになり，組織力がさらに向上していきます．

従業員の行動が適切なものになると，生産効率と品質自体も向上し，品質向上や効率向上などについての提案も，従業員の中から出やすくなります．

そのためには，品質向上と効率向上を目指した小委員会やタスクフォース（第2章4.1項で詳述）を現場で立ち上げて，その中で意見をブラッシュアップし具体的な改善案をつくる仕組みとすれば，さらに効果が加速していきます．

従業員憲章の中身は，その企業に所属するすべての従業員（経営者も含む）の行動基準や規範，使命と約束であり，経営理念の一部と捉えてもよいものです．

公開された従業員憲章は，取引先や最終顧客への約束です．当然，従業員憲章で約束されたことを取引先は期待し，そこに付加価値を見出します．経営理念と同様に，取引先に当社の考え方を理解していただくための1つの方法であり，取引先の信頼を得るための方法です．

企業規模が小さいのであれば，従業員と経営者が皆で集まってブレーンストーミング（後述Topicsを参照のこと）などを行って決めると，従業員にとっても経営者にとってもより納得性の高いものとなり，浸透しやすいものとなります．

では，従業員憲章とは具体的にどのようなものなのでしょうか？

例として，スターバックスコーヒーが2003年当時，使命として宣言していたものを次に示します．とても具体的で，簡潔で，どのようなポイントを重視して行動したらよいか，考えたらよいかが，非常にわかりやすいと思いませんか？

1. スターバックスの使命は，会社として成長しながらも主義・信条において妥協せず，世界最高級のコーヒーを供給することである．
2. お互いに尊敬と威厳をもって接し，働きやすい環境をつくる．
3. 事業運営の上で不可欠な要素として多様性を受け入れる．
4. コーヒーの調達や焙煎，新鮮なコーヒーの販売において，常に最高級のレベルを目指す．
5. 顧客が心から満足するサービスを常に提供する．
6. 地域社会や環境保護に積極的に貢献する．
7. 将来の繁栄には利益性が不可欠であることを認識する．

1番目は，企業として企業の従業員として最も重視する点を示しています．

2番目は，相手をきちんと理解し，尊敬と威厳をもってコミュニケートし，働きやすい組織とせよといっています．

3番目は，多様性を受け入れて，自分と違っても相手を否定せず，意見を引き出し力を合わせて事業を運営するのだといっています．

7番目には，どんなにサービスや品質を重要視していても，利益を得ることは忘れるなという言葉で締めくくっています．この7番目は，日本の中小食品製造業で最も浸透していない項目の1つです．

- 従業員憲章の構築は，経営者と従業員が，経営理念をもって目標を達成するために，あるべき姿を共に考える良い機会です．
- 公開された従業員憲章は，経営者と従業員が取引先や社会に対して行う約束であり，社会や取引先にとっては期待でもあります．
- 従業員憲章の構築は，組織力を高め，従業員の行動が自律的で正しいものとなることから，生産効率と品質が向上します．
- 危機感と価値観を共有するため，経営改善策が浸透しやすく，また，効果も高くなります．

6) 経営目標数値の決定と発表

具体的な経営目標数値を示し共有することで，計画を具体化します．数値目標は，部門や担当毎に設定します．また，「1) 外部専門家による経営診断」によって得られた経営診断結果をもとに，妥当性の高い経営目標数値を立てることができます．

また，その数値目標の具体的な実現方法についても，外部専門家に相談してみるとよいでしょう．

現場の数値目標は，現場の担当者などと検討や改善案の仮導入テストなどを実施しながらも，全体の数値目標を必ず達成できるようなプラスアルファの数字とすべきです．

このようなステップで，数値目標と実行計画を設定します．

7) 社員会議の実施

社員会議は，経営者と従業員の直接対話の機会です．従業員に対して何らかの犠牲を強いることがあるならば，経営者の気持ちと従業員の気持ちは一致しているべきです．そのような状態をつくるために繰り返し行うのが，この会議です．

具体的には，全社員を対象として，現在の経営状況，社長が行おうとする改善策の説明と実施方法，従業員に協力してもらいたいことなどを示すとともに，これらの内容について質疑応答を行います．

このような方法は，これまで困難と思われていた改善策を実施しV字回復を遂げた企業で行われてきた方法です．例えば，1999年から2000年にかけて，経常赤字が見込まれていた大手航空会社顧客サービス事業者において，当時の経営者が多いときには週3日の頻度で全国の拠点で社員会議を実施し，当時不可能と思われていたパイロット，客室乗務員の給与削減と派遣社員導入などの改善策を矢継ぎ早に実施し，翌年にはV字回復を遂げました．

中小企業では，経営幹部や工場長までを経営改善の担い手としているケースが多いようです．しかし，全社員が自分で考え行動し始めると，どれだけ強いかを示す事例となっています．

中小企業の場合は，従業員は大企業に比べて少ないため，週1日程度開催するだけでも十分な効果を示すはずです．

4. 外部企業の合併の検討

日本の企業の多くは高度成長期に起業し，社長自身が70歳以上となっている経営者も多いことと思います．特に食品製造業では，他の業界に比べて収益性が悪く，今後も，円安と中国の購買力の拡大による材料価格の高騰，資源乱獲による減少，消費税の上昇分の吸収などにより，収益性が悪化する可能性が高くなっています．

このような市場状況のなか経営者が高齢化し，廃業が多くなってくると，優良企業の事業承継や合併により，より体質的に強い企業に生まれ変われる機会が増加してきます．

そういった機会を，今はまだ体力のある企業の皆様は検討すべきであると考えます．その理由は，前述した通り，市場の状況は今後も厳しい状況が続く可能性があるためです．

また，食品製造業以外で，例えば飲食店チェーン店を買収し，生産から販売までをカバーすることで企業間取引コストを削減し，価格競争力や安心安全など，品質の強化を図ることも考えられます．そのため，他企業を買収することで今の会社の課題を解決できるかどうかを分析しておき，どのような企業ならそれが可能なのか，買収対象の具体的イメージを確認し買収に備えておくと，チャンスを活かすことができるかもしれません．

＊Topics：ブレーンストーミングを使って，1人ではできない良い結果を出す

ブレーンストーミングとは，集団でアイデアを出し合うことにより予期せぬ化学反応が誘発されることを期待して行う技法です．私のこれまでの経験上，適切に導かれたブレーンストーミングは，より良い結果を引き出しました．是非，お勧めします．

一般的には，10人程度がよいとされていますが，20〜30人程度でもすべての人が発言する訳ではないので，それでもよいのではないでしょうか．うまくいかなくてもすぐに切り替えのきくことなので，とりあえずやってみてください．

ポイントは，次のようなことです．

1. ファシリテーターと呼ばれる進行役が必要です．ファシリテーターは，以下の2.〜7.のことに気をつけながら，意見を収束に導いていきます．中小企業診断士などの専門家が入る場合には，彼らはファシリテーターの役回りに慣れていますので進行役として依頼してもよいでしょう．しかし，いつもコンサルタントがいるわけではないので，2回目以降にブレーンストーミングを行う場合は，企業内で進められるように，経営者側の誰かが行うようにすべきです．
2. 判断・結論はすぐに出さずに，次のステップに回します．ただし，可能性を広げるような意見が出た場合には，その場で自由に議論するようにしてください．また，ある意見を受けて，“その方法であれば，当社には該当する人材がいないから，不可能だろう”というのでは，当該意見を完全に否定して発展の余地を残さないので×．一方，“その方法だと，当社には該当する人材がいないがどのように対応するのか？”なら，リスクに対してどのような対応をするか，検討の範囲を広げられているので◎．という具合に，可能性や考えの幅を広げられる場合は，議論の対象とします．
3. ユニークな考えを歓迎してください．どんなに突拍子もない意見でも，その意見を出してくれた人を肯定し，その人に感謝の言葉を送ってください．こうすることで，発言に対する壁を低くします．いつも発言しない人から意見が出てきたら，ブレーンストーミングは成功しつつあると思ってください．

4. 普段話さない人は,話すことに慣れていないことが多いはずです.ゆっくり話すこともあるので,イライラせずに深呼吸しながら話し終わるまで待ってみましょう.また,言っている内容がわかりにくい場合は,ファシリテーターが様々な角度から質問をして,いいたいことがわかるように誘導します.
5. 出される意見の量を重視してください.
6. 出された意見を統合したり,一部表現を変えたりして,参加者にわかりやすく伝えます.それらの意見に便乗する意見も歓迎してください.
7. 意見が出尽くしたときには,今までの意見を整理し,議論の過程を振り返り要約します.要約した意見を再度示して,意見集約を目指して議論を進め,少しずつ該当しない部分を排除しながら,様々な方向で意見を収斂させ,最終的には,参加した人たちが皆で考え出した案を創ります.

このような過程を踏むと,経営者も従業員の皆さんも納得のいく意見に収斂することができます.そのうえ,1人で考えるよりバランスの取れた良い案が出来上がっているはずです.

第2章　現場改善とは文化を作り上げること

1.　現場改善とは

「改善」――よく聞く言葉ですが，何か緊迫感や抵抗感を感じることはありませんか？　仕事をみっちり教え込ませることでスキルアップを図り，スピードが上がる．だけど，体は疲弊している…なんていうことは労働強化であって，改善とは全く別のものです．

皆さんが仕事だと思ってしている作業の中には，利益にならないムダな行動が決して少なくありません．無理な姿勢で材料を加工していたり，道工具を取るために何歩も歩いたり，動線が錯綜しているため他の人とぶつかったり…「現場改善」とは，ムダな動作やロスにつながる付随作業を見直して，安全な製品を，ムリなく，ムダなく，良い姿勢で，長時間作りつづける仕組みを構築することです．人が出せる力には限りがあります．力をいかに効率よく生産，すなわち付加価値へ結び付けるか．言い換えると，作業員の特性を効率よく引き出せるよう，設備や作業方法を作業員に合わせることです．

現在に至るまで，食品製造業では総じてムダの追求が不十分でした．つまり，ムダやロスがたくさんあります．全員参加で意見を出し合ってムダとロスを取り除き，汗をかかないで得しましょう．

1.1　なぜ食品製造業では現場改善が遅れているのか

2020年の経済産業省産業別統計表によると，製造業全体の就業者は772万人で，うち食料品関係が114万人と15%を占め，産業別では最も多く，今も変わらず国の産業の基盤をなしていることがわかります．また，付加価値額に目を向けると，製造業全体の1,000兆円のうち食料品が103兆円と全体の10%であり，化学工業，輸送機械の金額を下回っています．さらに，付加価値額を就業者数で割った1人あたりの付加価値額で比較すると，製造業全体で1,299万円

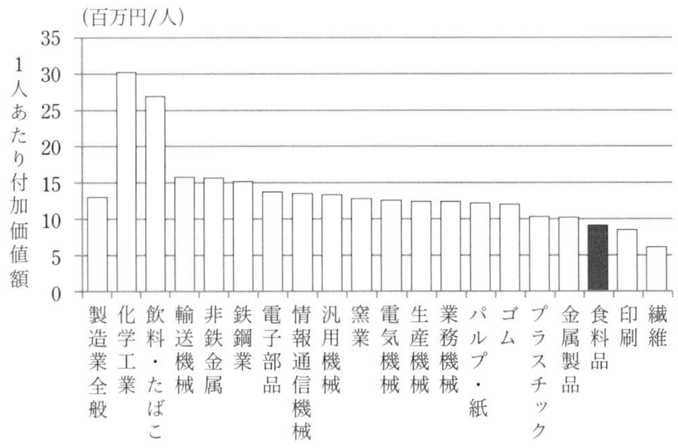

図 2-1　1 人あたりの付加価値額

/ 人に対して食料品は 908 万円 / 人と，70% しかありません（図 2-1）．就業者 10 万人以上の産業で比較すると，食料品は 19 種類のうち最下位から 3 番目に甘んじる数値となっています．

また，労働生産性の時系列変化ですが，（財）日本生産性本部「生産性統計」によると，算出量を投下労働投入量で割った労働生産性について，2020 年の値を 100 とみなしたとき，製造業全体では 2000 年の指数は 95 であり，現在に至るまで労働生産性が向上しています（図 2-2）．それに反して，食品製造業では 2000 年の指数は 113 で，労働生産性はむしろ低下しています（図 2-2 では飲料・たばこ製造も含む，となっていますが労働投入量は食品製造業の約 10% であり，影響

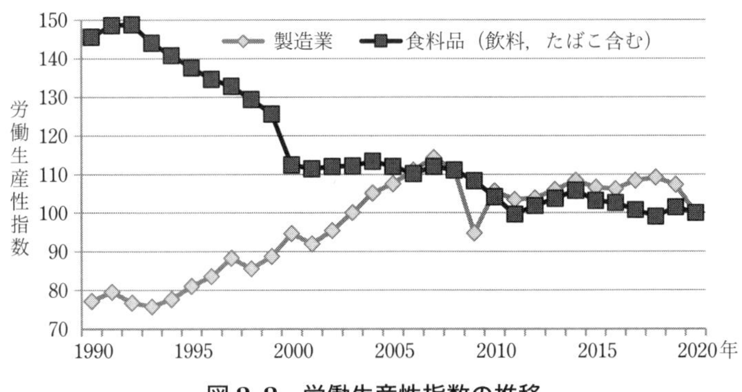

図 2-2　労働生産性指数の推移

は小さいと考えます).

因子を分解すると，投下労働投入量は2000年も現在も変わりませんが，産出量が2000年よりも減っています．このことは，人口減少などで食料品の需要が低下しているにも関わらず，製造サイドとしては労働力のコントロールができていないことを示していると考えられます．

労働生産性が低下している原因としては，食品製造業全般に現場改善の意識が依然として低いことが考えられます．図2-3は，ある食品製造業に対して，現場改善の主要項目について，社員および我々診断員がTKK（筆者が属するプロジェクトの名称，「トータル・工場・改善」の頭文字を取ったもの）の所定の判定基準に従いレベリングしたものです．レベルは最低1，最高5の，5段階評価になっています．社員の評価と診断班の評価はおおよそ近いものです．レベリングの値が高い項目は，①トップ主導の現場パトロール，④清掃，点検でした．逆に，低い項目は，③整頓，⑥目で見る管理，⑦ムダ取り，となりました．この結果は，管理者が絶えず問題はないか現場を確認しており，主目的は食品ということで，やはり衛生面に重きが置かれていることを示しています．当然，清掃の励行や細菌，異物の混入を防ぐための点検に関する社員への教育も徹底しています．その一方，ムダのない経営体質を形成するためのコストや時間（生産性），つまりQCD（製造業において最も重視すべき3要素，品質（Quality），価格（Cost），納期（Delivery））のCとDに効いてくる（実際には衛生面にも効果があります）5S（特に整理整頓）や，目で見る管理，ムダ取りなどの項目には関心が低いようです．

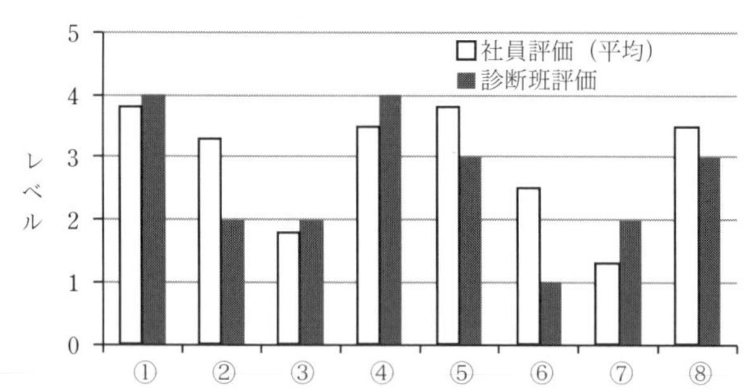

図2-3　食品製造業における現場改善レベリング

食品製造業で現場改善の意識が低い原因を考えてみると，大きく以下の3点が挙げられます．

①食品の特徴として，衛生面の小さな過ち，および流出が人体へ直接影響を及ぼします．今や1回の不祥事が会社の存続を揺るがしかねません．そのため，不祥事を防止すべく会社（経営陣）が取る方策は，昔ながらの人海戦術から脱却できていません．つまり，「人を多く配置すれば，生産性も品質も確保できる」，「監視は品質確保のために必要な作業である」と今でも考えており，設備やしくみをうまく活用しきれていないのです．

②コストや納期のムダに対する管理が徹底していません．普段からやり慣れている方法かもしれませんが，客観的にみればムダが存在する，あるいは当時は最適な方法だったが，外部環境が変化し，現在においては最適ではなくなっているケースが多く見受けられます．

③食品製造業では，中高齢の女性や外国人の作業員が多いことが挙げられます．現場診断を通じて感じる印象は，中高齢の女性は目先の作業（ルーチン）に追われ，問題点や改善案を客観的に考える余裕がないように見受けられます．外国人に関しては，お国柄によって気質が大きく異なり，現場改善に対する意識付けの障壁になることが多いようです

◆ まとめ ◆

食品製造業では，以下の理由により現場改善の意識が低く，労働生産性が他業種より低い要因になっています．

1. 量（人員数，監視・検査頻度）重視の衛生対策
2. コスト，納期に対する管理意識の低さ
3. 改善に対する障壁が高い作業員（中高齢女性，外国人）

1.2 現場改善の狙いと効果

業種によらず，現場改善を推進する狙いとしては，以下の6つの項目が挙げられます．

① 安定的な成長（現場改善は永遠にして無限）

② マンネリ打破による生産性向上

③ 管理者と一般作業員の一体感醸成，および改善意欲高揚

④ 機械・設備管理レベルの向上（トラブル防止，高寿命化）

⑤ 課題を発掘する着眼力の養成

⑥ 熟練作業員の経験と勘の有効活用

日々刻々と変化する環境に対し，きめ細かく対応していき，経営的な成長を持続する，主要な手段として現場改善があるといっても過言ではありません．ちなみにチャールズ・ダーウィンは，『種の起源』で「生き残るものは強いものでも賢いものでもない．変化に敏感なものが生き残る」と述べています．

現場改善を実施することで期待できる効果ですが，従来，山積されていた各種のムダが解消され，職場の生産効率が上がります（図 2-4）．具体的には，モノを探す時間が短縮され能率が上がります．不要な設備や部品がなくなり，場所を有効活用できるだけでなく余分な費用（償却費など）を抑制できます．モノがどこにいくつあるか容易に把握できるので，管理が容易になります．

これらの効果が蓄積されることで，生産管理の主要指標である各要素のレベルアップにつながります．例えば，不具合の未然防止や設備機械管理レベル向

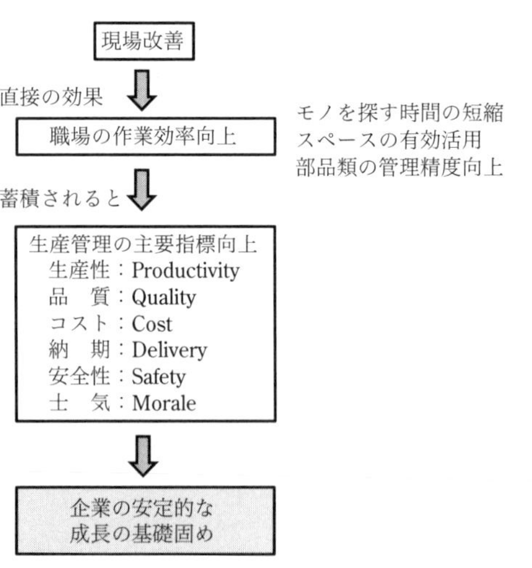

図 2-4　現場改善によって期待できる効果

上により生産性（Productivity）が向上します．そして，不良品を出さない，出ても確実に検知する体制を確立することで品質（Quality）が高まります．また，歩留が向上することでコスト（Cost）が削減されます．さらに，納期（Delivery）管理レベル向上により製造工数を短縮でき，社員の残業時間や外注工数の削減につながっていきます．社員（人間）が直接携わる動作については，最適化を図ることで安全性（Safety）が高まります．

改善の成功体験を繰り返すことで社員の士気（Morale）は向上し，職場の一体感が醸成されるとともに，仕事と家庭のメリハリがつき充実した生活を送ることができます．さらには，工場が視覚的にもきれいに変貌し（“見せる＝魅せる工場”），視察に来られた顧客に好印象を与えるだけでなく，求人活動にもプラスに作用することでしょう．

各要素のレベルアップが，結果的には企業が利益を生みだす体質へ変化し，安定的に成長できる基礎となっていきます．

◆ まとめ ◆

- 現場改善の狙いは日々刻々と変化する環境に対し，きめ細かく対応し，経営的な成長を持続するためです．
- 現場改善は，作業効率が高まり，生産性や品質，コスト，納期，安全性，士気などすべての指標のレベルアップにつながります．

1.3　改善活動推進に向けた環境整備

改善活動を新たに会社で始めるにあたり，ただ経営者が「始め！」といって，期待通りに展開するほど簡単なものではありません．

活動が効率的に展開するためには，次のようなポイントがあります．

① 社員１人ひとりが主体的に改善に取り組む現場の風土醸成
② 事務局を設置し，改善活動をサポートする
③ 経営陣はいちいち指図せず，「見守る」

改善活動が長続きしない原因としてよく聞かれる言葉，それは「やらされ感」

です．通常の作業に加えて，トップダウンに活動を強制されれば，だれでも逃げたくなります．活動を長続きさせるには，それとは逆の方向を目指せばよいのです．つまり，社員1人ひとりが「主体的」に改善に取り組んで，ボトムアップで問題点や解決案が湧き出るような風土が必要なのです．そのような風土づくりに必要な要素は，「インフォーマルな組織と場所をつくる」ことにあります．現場で各個人は所定の（フォーマルな）組織に属して生産活動をし，会議などで現場の問題などを話し合いますが，そこでは報告や指示という一方向のコミュニケーションが主体です．それに対して，通常の組織の枠組みを超えたインフォーマルな組織で，ちょっとしたミーティングや気楽に真面目な話ができる場所をセッティングすることが，改善に向けた闊達なディスカッションを促し，改善のネタや問題点の解決案につながっていきます（図2–5）．

改善を実施するのは現場ですが，活動を効率よく展開していくためには，活動を旗振りする事務局の設置が有効です．事務局の具体的な役割は，以下の通りです．

・改善テーマの集約と選定
・メンバーの編成
・改善の進捗管理
・経営陣に対する報告会の設定

経営陣の役割としては，改善活動に際して最低限のルールを決めて，あとは基本的に活動を「見守る」ことが社員の主体性を育むことにつながります．せいぜい，経営陣に対する報告時に助言する程度がよいでしょう．そして，改善

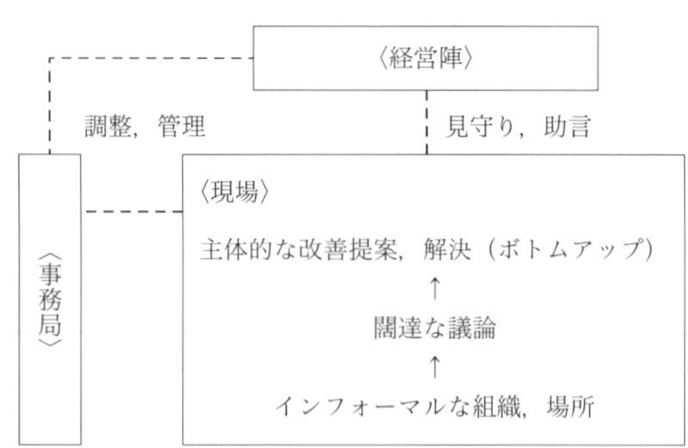

図2–5　現場改善を支える組織

の成果に応じて，報奨などにより努力を労うことが望ましいです．

◆ まとめ ◆

改善活動を推進するためには，現場だけでなく，経営陣，事務局の三者が役割を理解し，強調することが重要です．

2. 根っこ改善

「何事も基本が大事」―現場改善を実践するための，最も基礎的な項目を総称して「根っこ改善」と呼びます．「良樹細根（りょうじゅさいこん）」という言葉があるように，広く深く細部まで根が張っているから立派な木が育つように，根本がしっかりしてこそ良い工場ができるのです．これから紹介する項目を理解し，頭と体に落とし込むことで，ムダ取りを中心とする作業改善を推進するための基礎が築かれます．

図 2-6 に根っこ改善の概念と項目を示しました．

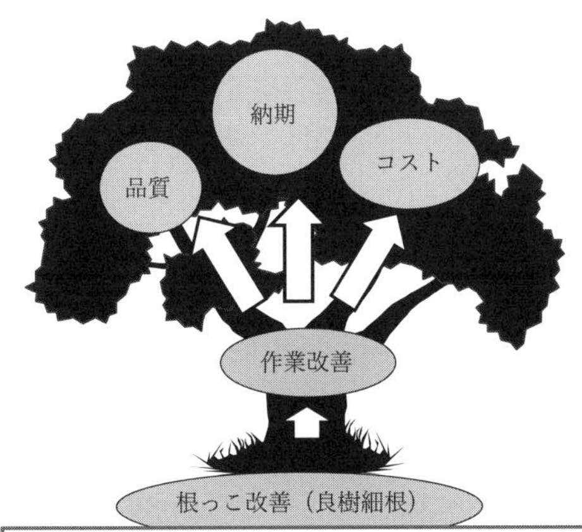

図 2-6 根っこ改善の概念と項目

2.1 トップ主導の工場現場パトロール

現場改善の第一歩として，まずはトップ自身が中心となって，工場を含む会社を駆け回ることが必要と考えます．作業員は，常にトップの本音をうかがっています．そして，極めて敏感にそれを察知してしまいます．そのため，トップが心の底から「現場改善を実行しよう」と意思表示しなければ，社員も真剣についてきません．

具体的には，できるだけ多く現場へ足を向けて，多くの社員とコミュニケーションを取りましょう．気がついたことを整理し，月に1回，半日でもいいのでみんなの前で発表すると共にみんなで議論し，課題に対する対策を全員参加で導き出す場を設けてみるのです．そうすることによって，目先の作業（ルーチン）に追われることが多い中高齢の女性作業員も職場の問題を打ち明けてくれ，同じ方向へ向かってくれるはずです．出された対策はできるだけ即日に実践し，うまくいけば継続させ，さらに水平展開することを忘れてはいけません．社員が出だしからつまずかないように，最初は容易な課題から徐々に難しい課題へ移行するよう配慮した方がよいでしょう．

◆ まとめ ◆

〈トップ主導の必要性〉
- 改善への意思表示をアピール
- 課題解決への強制力

〈ポイント〉
- 全員参加による課題解決（コミュニケーション重視）
- 対策の実践，継続，水平展開のフォロー

2.2 4S（整理・整頓・清掃・清潔）

1) 整　理

整理とは「いるもの，いらないものを区別して，いらないものをその場から

撤去する」ことです．ひとえに「モノ」といっても，材料（部品）・半製品・製品，設備・機械，工具・治具など多くの種類があります．それらを一つひとつ見直すことで作業手順にムダがないかを再確認し，心理的にも整理することができます．一度，社長をはじめ工場にいる皆さん全員参加で「いる，いらない」を区別してみてはいかがでしょうか．ムダなモノは，即ち，非効率な資産やスペースです．さらには，必要なモノを探し出すためのタイムロスも生み出します．

食品製造業の場合，衛生面を中心に管理されていることもあり，製造の最終工程に近いほど比較的適切に整理がされています．それに反して，製造の上流工程や，原料や設備の倉庫には，ムダなモノが多く潜んでいることが多いようです．例えば図2-7のように，手前にある原材料の奥に不要な道具や部品が積み重ねられています．このような場所は当然ほこりが溜まりやすく，かつ害虫の発生源にもなりやすいのです．筆者自身が見てきた例では，以前使用されていた旧工場自体が設備共々不用品置場として遊休化しているケースもありました．加えて，これは全業種に共通しますが，事務所内の事務用品や書類についても，整理の余地が残されていることが多いようです．

整理のアクションの一例を表2-1に示します．まず，Step1では対象物を広い場所へ持っていきます．これは，それらのボリュームを再確認することが目的です．Step2は「いる／いらない」の分別過程です．すると，ほぼ間違いなく判断に迷うものが出てきます．このときには具体的な判断基準をみんなで整理することも必要ですが，無理に分別せず期間をおいて再度見直してもいいでしょ

図2-7 原材料置場

表 2-1　整理のアクション例

Step1　（可能ならば）広い場所へ対象物をすべて持っていく～見える化
Step2　対象物一つひとつについて，以下の 4 つに分類する
1)　いる　～　現在使っている，将来必ず使う
2)　いらない　～　目的が不明確，壊れている
3)　迷い　～　8 秒たっても，いる / いらない　の判断がつかない
4)　移動　～　いるが，本来あるべき場所に置かれていない
Step3　以下のアクションを実施する
2)　いらない　～　赤札を貼って誰からも見えるようにする 処分方法，期日を決めて実行する
3)　迷い　～　一定時間後（例えば半年後）再度分類を見直す
4)　移動　～　適切な場所へ移動する

『8 秒で幸せをつかむ「片づけ力」』（大津たまみ著）を参考に作成.

区　分	1設　備　2冶　工　具　3計　測　器 4材　料　5部　品　6仕　掛　品 7半　製　品　8完　成　品　9副　資　材 10事務用品　11資料・書類
品　名	
番　号	
部　品	
理　由	不良　死蔵　滞留　端材
部　門	部　課　係
月　日	月　日

参考文献：「正しい生産管理の実行手順」木村博光.

図 2-8　赤札の例（目立つように赤い色の紙とする）

う．また，モノが本来あるべき場所に置かれていないケースもあります．Step3 では分類に応じたアクションに移りますが，いらないものには図 2-8 に示すような赤札を貼り，誰にでもわかるようにして，決められたアクションを着実に実行します．

整理を実施することで無駄なスペース，使いようのない資産をなくすとともに，気分的にもすっきりすること間違いなしです．

◆ まとめ ◆

〈整理とは〉

・いるもの，いらないものを区別して，いらないものを撤去する

⇒資産，スペース，(探す) 時間のムダを排除

〈ポイント〉

・全員参加で選別，廃棄ルールの確立，運用

⇒赤札によるいらないものの明示

2) 整　頓

整頓とは，「必要なものがすぐ取り出せるよう置き場所，置き方を決めて，表示を確実に行う」ことです．さらには「何が，どこに，いくつあるのか」が誰の目にもはっきりとすぐわかる仕組み，言い換えると「定位置，定品目，定量」の“3 定”を実践することです．つまり，整理とともに，仕事の能率・効率を高め，清掃・清潔の下地を整えるのです．

工場内のすべてのモノについて，工場内の誰でもすぐ見つけられ，取り出せるようになっているでしょうか．見渡してみて下さい．

図 2-9 には倉庫の一例を示しました．

整頓の手順を図 2-10，イメージを図 2-11 に示します．担当者が中心になっ

図 2-9　必要なものがすぐ取り出せない倉庫

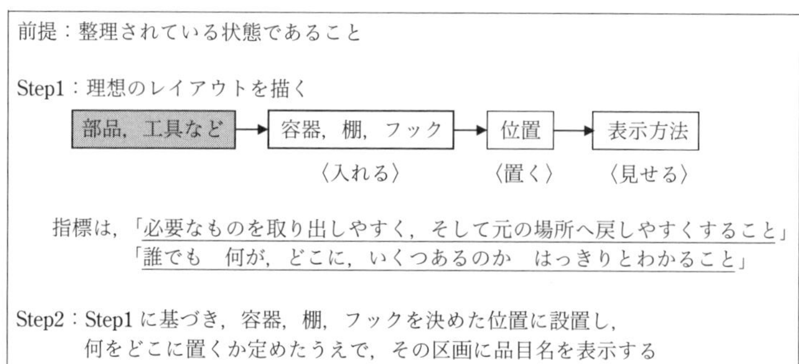

図 2-10　整頓のフロー

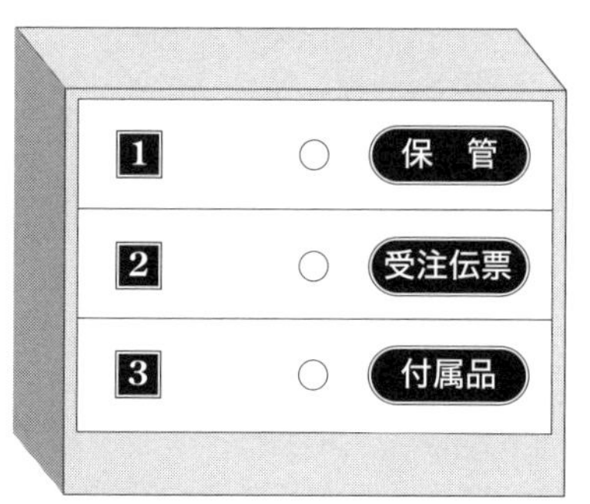

図 2-11　整頓のイメージ（入れる，見せる）

て，みんなで知恵を出しあってみてはいかがでしょうか．ポイントは，作業に必要なものがどこにあったら使いやすいのか，担当者以外の人が来ても迷うことがないかを徹底的に考え，図に落とし込むことです．また，容器，棚などは既存のものを流用し，必要であれば新規購入したらよいかと思います．置く位置については，例として図 2-12，図 2-13 のような形跡管理があります．

置く位置をはっきりさせるために，置くものの形状を平面ではなく立体的に表示し，ものをあてはめるような形跡管理を適用することが効果的です．

形跡管理の適用例として，引き出しの中の事務用品があります．事務用品の形状にスポンジを切り抜いて引き出しの中に敷きます (図 2-12)．その結果，事務用品を探さずに済むだけでなく，必要以上に持つことがなくなります．

食品工場の衛生維持に欠かせない使い捨てマスクの箱についても，同様の管理が有効です．例えば，台座になっているプラスチック段ボールをマスクの箱

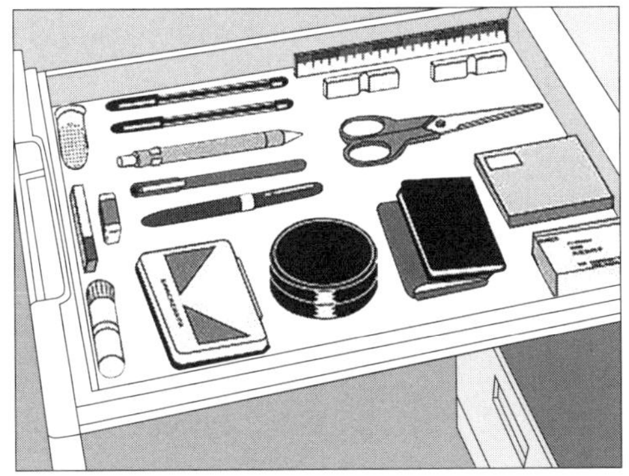

図 2–12　整頓のイメージ（引き出しの形跡管理）

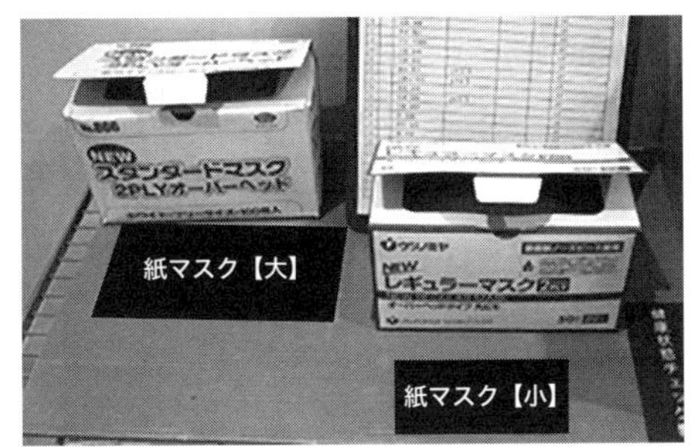

図 2–13　整頓のイメージ（紙マスクの形跡管理）

の形状に切りぬくことで，定位置を明示することができます（図 2–13）.

以下に，整頓の具体例を示します.

〈事例紹介〉

＊箱詰め製品用パレット置場の明示（製造エリアから倉庫への移動）

○作業内容

製造した加工食品を箱詰めし，パレットの上に段積みした後，逐次ハンドパレットトラックで倉庫まで運ぶ.

○問題点

今回のケースでは室内に柱があったため（図 2–14），最適な運搬経路をとることができる．パレットの置き場所選定に手間取っている状況が時折見られ，ロス時間が発生していた.

図 2–14 パレットに段積みされた加工食品

○解決策

ロスを解消すべく，最適なパレットの置き場所を白線で表示した．その結果，上述のロス時間は発生しなくなった．

＊コンテナまたはビニール袋で仕掛品の種類を識別し，量を把握

○作業内容

野菜カットなどの食品加工では，複数の作業工程で仕掛品が発生する．仕掛品はビニール袋に詰められ，運搬用コンテナに投入される．

図 2–15 雑然と置かれた多種多色のコンテナ

○問題点

多種，多色のコンテナがあるにもかかわらず，分別されることなく使用され，コンテナが雑然と置かれていた（図2-15）.

そのため，コンテナによって作業動線が錯綜し，かつ一目で仕掛量やコンテナの用途が判断できないため，迂回や迷いによるムダ時間が発生していた.

○解決策

・工程または用途別にコンテナ（またはビニール袋）の色を割り振る→「色に仕事をさせる」

・白線などで仕掛品コンテナの定位置を明示する

・仕掛品の上限値をパレットの積み上げ高さでマークしておき，基準段数以上になった場合に,（仕掛直後工程の能率が他工程に比べ相対的に低い）工程間の人数を調整して，製造速度を調整する

これらの対策の結果，作業時間，特に判断に要する時間が大幅に短縮された．道具や判断基準を整理，明示化することで，作業員は迷うことなく決められたルールに従って行動できるようになった.

◆ まとめ ◆

〈整頓とは〉

必要なものがすぐに取り出せるような置き場所，置き方を決めて，表示を確実に行うこと～3定（定位置，定品目，定量）

⇒資産，スペース，（探す）時間のムダを排除

〈ポイント〉

誰でも，すぐ取り出せる理想のレイアウトを描いて実践～形跡管理，表示の工夫も有効

3) 清　　掃

清掃とは，「ごみ，ちり，ほこりなどの汚れがない，ピカピカの状態を維持する」ことです．食品製造業では，清掃の出来が製品の安全性に直結するため，最重要管理項目になります．一般的に，食品製造業では「清掃」，「洗浄」，「殺菌」を一括りにして「清掃」と捉えることが多いです．それぞれの定義は以下

の通りです.

・「清掃」は，水や洗浄剤を使わず乾式でごみ，ちり，ほこりを取り除く
・「洗浄」は，物理的に擦ること，化学的な洗剤を使用すること，お湯により熱をかけることで汚れ除去し，細菌数を減らす（除菌）
・「殺菌」は，洗浄後に蒸気加熱，乾燥殺菌庫，アルコール殺菌などで細菌を殺す

清掃については，いかに衛生的に加工するかに基づき，ルールを定めて運用していくことが大切です．そのためには，人や製品の動線を踏まえたうえで，工場の場所毎のゴミや細菌など，不衛生因子の混入可能性を評価することが前提となるでしょう．

混入可能性を踏まえたうえで，次のような，清掃しやすく，清潔を維持しやすい工夫を実践することが有効です．

①床からの異物（ごみ，はね水，細菌）混入を防ぐために，直置きせずにキャスターを使用する．さらにはキャスターの最下段を使用しない．加えて，直接または間接的に工場内へ入り込むモノ，およびそれが接触するモノについて混入の危険がないかチェックすることも必要．一例として，図2-16のように作業靴置場が錆びていると，異物混入のリスクがある．差し込み式靴置場を活用すれば，置場と靴底の接点がなく，靴底の汚れもすぐわかる（図2-17）．

②上部からの異物（ごみ，ほこり，カビ，錆，結露）の混入を防ぐために，ビニールシートでカバーする．空調や換気扇にフィルタを設置する．某ラーメン屋では，積み重ねられた餃子皿の一番上に「下の皿を使って下さい」とシールが貼られており，一番上の皿をカバーがわりにしていた．

③ごみが溜まり除去しにくい細い隙間は，カビや虫の発生源になっていることが多い．そのようなスペースをなくし，清掃しやすくするために，壁と密着している加工設備や作業台をあえて離す．日本では製造環境が狭いため，壁にモノを置く習性があるが，実は壁から離しても使える作業面積はあまり変わらない．

④排水が構造上流れていかず淀んでしまい，細菌やカビが繁殖することを防ぐために，排水部分に傾斜をつけて流れやすくする．排水溝の蓋を取り去り，清掃しやすくする．

図 2–16　錆びた作業靴置場

図 2–17　差し込み式靴置き場

以上のことに加えて，食品製造業は高い衛生レベルを維持しなければならないため，清掃道具の用途別区分と衛生的な管理，洗浄剤や殺菌剤の用途に合った適切な効き目（必要以上に効くと，むしろ人体に悪影響な場合もある）にも気を使う必要があります．

また，加工機械を毎日丁寧に清掃（洗浄）し，手入れ，点検することは，衛生的にも良いだけでなく，機械の管理レベルの向上にもつながります．ネジのゆるみ，回転部分の汚れなど，ちょっとした不調を事前に察知して，正常な状態に素早く戻すことが可能になるため，トラブルの発生を未然に抑制でき，かつ修理にかかるロス時間を短縮できます．表立っては見えにくいのですが，立派なコスト削減につながります．

◆ まとめ ◆

〈清掃とは〉

ごみ，ちり，ほこりなどの汚れがない，ピカピカの状態を維持する

⇒安全性に直結，食品製造業では最重要管理項目

〈ポイント〉

不衛生因子の混入可能性を評価したうえで，清掃しやすい，清潔を維持しやすい工夫を実践する

〜下部（床面），上部（浮遊物），横（隙間），排水口まわり

4) 清　潔

清潔とは，「整理・整頓・清掃の3Sを維持する」ことです．整理・整頓・清掃の項目で提案した内容が定着化すると，その状態が崩れているときすぐに気付くことができます．3Sを維持するために，整理・整頓・清掃の項目がある程度定着した段階で，任命された担当者が交替制で月1回の周期でパトロールして，場内の異常箇所を洗い出してみてはいかがでしょうか．

食品製造業の場合，3Sの維持に加え，社員個人が清潔な状態を維持することも重要な項目になります．制服を着て工場内に入るまでの手順（身だしなみ）の標準化と徹底も必要です．以下は，ある工場の包装室に入るまでに実施する具体的な手順です．

1. 専用ロッカーで専用の作業着に着替え，専用の靴に履き替える
2. 入場前に，粘着ローラーで作業着の付着物を取り除く
3. 専用の更衣室で専用の防塵服，靴に履き替える
4. 粘着ローラーで異物を取り除く
5. 決められた手順に沿って，手指の洗浄殺菌を行う
6. 手指の洗浄後，アルコール殺菌を行う
7. エアーシャワーで，再度全身の異物を取り除く
8. 専用の手袋をつける
9. 消毒殺菌をする

さらには，例えば「4. 粘着ローラーで異物を取り除く」の手順において，効

率よく確実にごみやほこりを粘着させ取り払うために，ローラーをかける部位の順番や回数を定めている企業もあります．制服（帽子，ユニフォーム，マスク）の選定と洗濯方法についても，清潔を維持するためにふさわしい形態を検討してみてもよいと思います．

〈事例紹介〉

＊手袋の相互チェック

○作業内容

包丁を使用して，カット野菜などを加工する．

○問題点

作業員がカット中に手袋を誤って切ってしまうことがある．多くはその時点で気付き検出・排除されるが，稀に気付かぬまま商品に混入してしまったことがあった．

○解決策

製品への混入を防止するため，15 分間隔でアラームが鳴るようセットしておき，アラームが鳴ったら隣同士で手の裏表を見せ合って，手袋の破損がないか確認するようにした（図 2–18）．この仕組みを運用することで，異物の混入件数が半減した．

作業開始時に加工場へ入る際に，2 人 1 組で向かい合って互いの服装をチェックすることも同様の解決事例である．

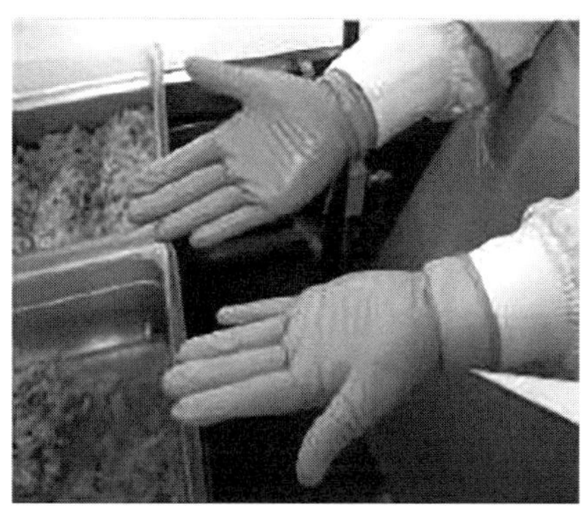

図 2–18　手袋の相互チェック（イメージ）

◆ まとめ ◆

〈清潔とは〉

整理・整頓・清掃の3Sを維持する

⇒異常に気付きやすくなる

〈ポイント〉

・みんなが意識を維持できる仕組み作り（交替制のパトロール）

・工場に入るまでの手順を標準化する

2.3　3直3現

工場では，毎日いろいろな問題が発生します．そのようなとき，管理者が軽いフットワークで「直ちに現場へ行き，直ちに現物を見，直ちに現象を確認（すなわち3直3現）する」ことが，的確かつ迅速に真の原因（真因）を把握し，適切な対処をとるためには必要不可欠です．たとえ，かつて現場の最前線で働いていていたくさんの知識を持っていたとしても，トラブルの現場を直接確認せずに原因を推定してはいけません．原因のカギを握るいくつかの情報が抜けていたり，勝手に決め付けてしまったために誤った対処をとってしまったというケースをよく聞きます．某映画のセリフではありませんが，「事件は現場で起きている！」という現場感覚を忘れてはいけません．

〈事例紹介〉

＊3直3現しやすい職場へ改造する

○作業内容

揚げもの製造工場でキーとなる，製品を揚げる工程では，設備監視および運転条件調整を1人で対応していた．

○問題点

そのエリアは構造上，他の工程と壁で仕切られていた．そのため，トラブル発生時には状態監視で目を離せない反面，持ち場を離れないと他の人を呼べなかった．

○解決策

作業員の背後にある壁を窓の大きさ分打ち抜き，仕上げ工程エリアの人と顔を合わせられるよう改造した．その結果，トラブル時など応援が必要な場面でも即時に対処ができるようになり，問題の拡大防止につながった．

トラブル発生時には，3直3現の実践を踏まえて真因の把握に取りかかりますが，①機械・設備などの機構と動作原理，生産条件設定基準などの「原理・原則」を前提に考察する，②安易（表面的）な原因推定，解決策に妥協せず掘り下げていくこと，に留意すべきです．

①の，機械・設備などの「原理・原則」については，最初に生産技術の専門スタッフが管理者や作業員に対して，定期的に機械・設備などの機構と動作原理を説明する勉強会をOff-JT（教育訓練を通常の仕事から一時的に離れて実施すること）で開催することをお勧めします．その際には，図2-19のように，各機械・設備毎にわかりやすい図解説明の資料があるとよいでしょう．勉強会で習得した知識を踏まえることで，通常の作業でも適切な操作ができるようになります．もし機械や設備にトラブルが発生しても，現場で勉強会での知識をOJT(教育訓練を日常の業務に就きながら実施すること)の形で結びつけることができ，対処が迅速，的確になります．

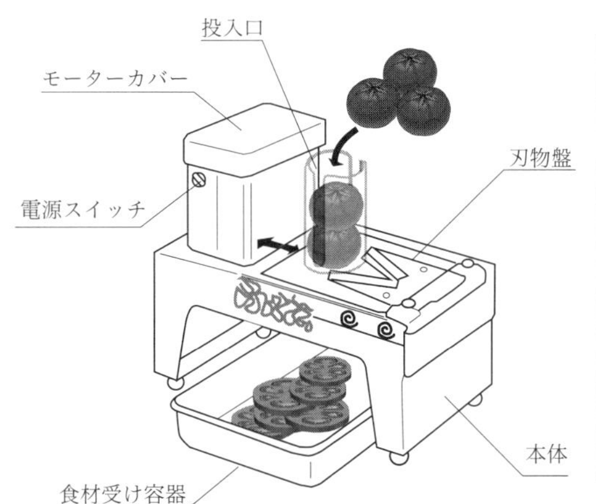

電動スライサー

- 刃物がモーターで往復運動して野菜をカットする．
- 速度は一定（カット40回/min）
- 切断厚は1-20mm可変，刃物の下の野菜受けが上下して調整される．
- 投入径は ϕ 100mm
- 刃物はカバーを外せば簡単に取り出せる．

図2-19　電動スライサーの説明用資料（イメージ）

②の，原因推定のあり方ですが，「原理・原則」を踏まえたとしても，トラブルの原因はいろいろあり簡単に突き止められないことがあります．そのようなとき，原因をただ並列的に列挙しただけでは，その場しのぎのモグラたたきとなり真の解決には至りません．むしろ，原因を垂直的に追求することによって真の原因を突き止め，対策を立てることの方が有効です．

原因を垂直的に追求することで有名な考え方は，トヨタ自動車の「なぜ」を5回繰り返す取り組みです．一般的には「なぜなぜ分析」と呼びますが，分析

トラブルなぜなぜ分析表 日付　令和３年4月1日		
トラブル発生状況（5W1Hを明確に） 令和3年3月31日に○×フーズ向けのカット野菜を生産している時，オーダーと異なるサイズにカットした．（たまねぎ5個分）		
	設備，調理器具，治工具，材料などの要因	人的要因
1.なぜ		生産サイズについて，作業員が聞き違い，または思い込みがあった．
2.なぜ		場内放送のみで指示し，作業を進めていた．（ホワイトボードなどによる文字による確認をしなかった．）
3.なぜ		指示に関する役割分担が決まっていない．かつ，ロット切替直後におけるカットサイズのチェックをしなかった．
4.なぜ		ロット切替直後にカットサイズのチェック体制（誰がいつ）が構築されていなかった．
5.なぜ		ロット切替からカットサイズのチェックまでの流れや体制が標準化（標準書として文章化）されていなかった．
対策		
第1次	ロット切替からカットサイズのチェックまでの流れや体制を標準書として文章化する．	
第2次		

図2-20　トラブルなぜなぜ分析表

の整理に図 2-20 のような分析表, または言語情報や文字情報から問題の方向性を見い出すのに適している, 新 QC7 つ道具の 1 つである, 連関図を活用してみてもいいかもしれません.

図 2-20 の例は, 作業計画の変更が全員に行き届かず, 変更前の作業をやってしまい, 廃棄ロスが発生した事例について, 現場全員参加でブレーンストーミングしたときのものです. 原因として, 上司から部下への情報伝達が全員に行き届いているかチェックする仕組みがない ことがわかりました.

図 2-21 では, 製品不良が発生したときの真因の見つけ方を整理しました. 製造プロセス毎に不慮の発生原因となる因子を洗い出し, そこから垂直的に掘り下げることが重要です. とるべきでない進め方として, 例えば, 末端ともいえる検査工程だけで考えられる原因を並べることです. 具体的には,「検査を入念に行う」ことにのみ目が行き,「ダブルチェックをする」「検査基準を厳しくする」などの方向へ進んでしまいます. それだと, ダブルチェックをするために新たに人を投入 (要員を増やす) することとなり, 人件費は上がってしまいます. 真の原因が追求できていない状態で検査基準を厳しくすると, 従来良品であった製品が不良として引っかかる数が増えます. その結果, 後工程における手直しや手戻りが多く発生し, コストアップの要因となり, 不良発生率は下がりません.

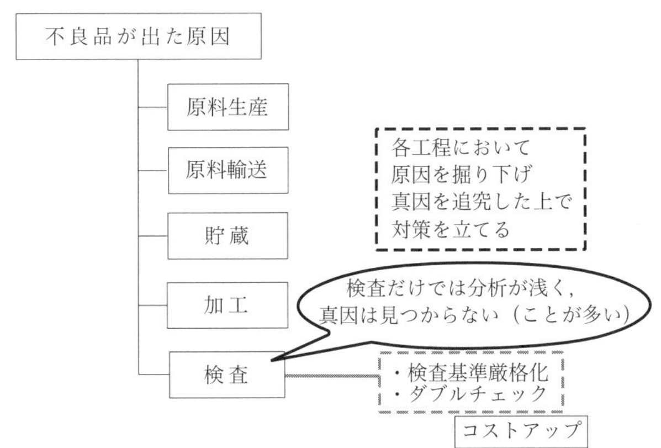

図 2-21 真因の見つけ方

◆ まとめ ◆

〈3直3現とは〉

直ちに現場へ行き，直ちに現物を見，直ちに現象を確認すること

⇒トラブルの真因を的確かつ迅速に把握する

〈ポイント〉

・機械，設備などの「原理・原則」理解が前提〜勉強会

・真因の追求（掘り下げ）〜なぜなぜ分析，連関図

2.4　目で見る管理

工場には機械や設備が多くあり，管理するポイントは無限にあるといってもよいでしょう．作業員，原材料，部品，生産機械などが正常な状態にないと労働災害，品質不良，納期遅れ，機械の故障などのトラブルが発生します．しかし，生産の開始時や途中ですべての事柄を細かくチェックすることは不可能に近いことです．そこで，例えば材料の量や個数が不足していないかなど，工場内で発生する問題点を誰が見ても簡単に見つけられるかが重要になります．それが，目で見る管理です．さらには，問題があると判断した場合，その処置方法が定められ，かつ速やかに実践できることも重要です．

〈事例紹介〉

＊生産計画，進捗の大画面化

作業計画の変更が全員に行き届かず，以前指示された作業をやってしまい，廃棄ロスが発生する事例に対して，対策の1つとして生産計画，進捗を誰からも一目でわかるように表示する取り組みが，大画面化です．

図2-22に示したように，掲示板は進捗に応じて作業注文票を差し込む（差し立てという）部分（図の網かけ部分）と，現在の作業を掲示板に表記する部分に分かれます．

作業注文票を差し込む部分には，所定のフォーマットで，記述される注文票

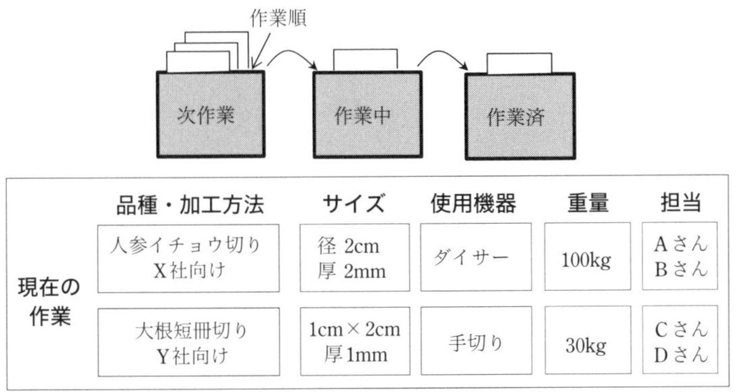

図 2-22 作業ボックスと作業掲示板（イメージ）

を最初に「次作業」ボックスに差し込みます.「次作業」のボックスでは, 新たな注文は通常「次作業」ボックスの一番後ろに置き, “前面にある注文票ほど作業順が先” というルールに従います. 作業順を変更したいときには, 該当作業の注文票の差し込み位置を前に移すことで現場へ指示します.

実際に作業に取りかかる際には,「次作業」の一番前にある注文票を取り出し,「作業中」ボックスに入れるとともに, 下の現在の作業に品種・加工方法, サイズなど主要情報を表示します. ここで重要なことは, みんなが確実に読めるように大きく, わかりやすく表示することで, 誰が, 室内のどこにいても, やるべき作業を瞬時に確認できるようにします.

作業が終了したら, 注文票を「作業中」から「作業済」に移すとともに, 下の「現在の作業」から消し去り,「作業済」の注文票は次工程へ引き継がれます.

このような掲示板の作製費用ですが, ボックスについてはプラスチックなどで簡単に作製可能です.「現在の作業」の掲示はホワイトボードに記入したり, または予め各種情報が書かれたプラスチックのボードを引っかけることで対応が可能であり, トータルしても数万円程度の予算で済みます.

作業掲示板の効果ですが, 計画変更の確認および伝達ミスがなくなることにより, 作業能率が向上しました. 加えて, 仕入費や廃棄物処理費が抑制されました.

予算があれば, 図 2-23 のように, 作業掲示板を PC とモニターおよび LAN 回線をベースに, ソフトウェアを構築することをお勧めします. 図 2-22 と比較

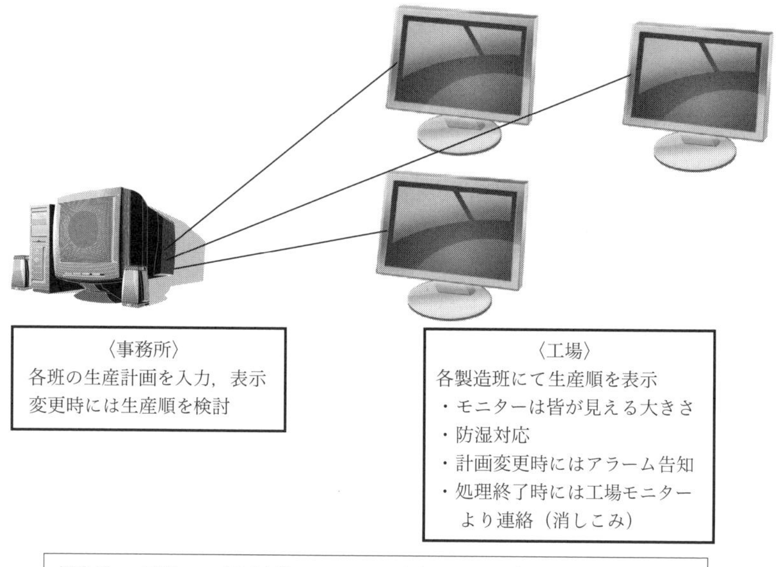

優先順	品目	加工方法	大きさ	加工手段	重量
作業中	キャベツ	千切り	3cm×5cm	手切り	100kg
次1	人参	イチョウ切り	径 2cm，厚 2mm	ダイサー	216kg

図 2-23　事務所と工場の接続と新しい作業掲示板（モニタ画面）

して，社員が事務所にいながら，PC を通じて各製造班の生産計画を変更したり，現状の進捗を確認できます．さらには，製造の起点となる受注情報や終点となるラベル出力，配達情報についてもシステム構築により「見える化」を実現することで製造の一貫管理が可能となり，管理レベルの向上，および管理負荷軽減につながります．

1)　過去の操業データ活用

前述した 2.3 項の「3 直 3 現」の事例紹介における揚げもの製造工場では，同じ食品でも種類が異なる材料を使っていました．また，製造頻度が低く，かつ温度管理が難しい材料について温度などの条件設定に苦労していました．

そこで，その対策として，以下の取り組みを導入，実施しました．

① 予め毎日の材料種類，および操業条件と結果（不良率）を記録し，PC のデータベースに保管，蓄積する

② 当日の製造種類をPC上に入力，簡単な操作をするだけで，上記①で蓄積された過去の同じ種類における温度などの操業条件と結果を抽出し，グラフや表で画面上に表示する

その結果，最適に近い操業条件が設定でき，不良率も抑制できました．

2) 仕掛品の見える化

先に2.2項2)で説明した仕掛品コンテナの対策は，まさに「見える化」の例です．

◆ まとめ ◆

〈目で見る管理とは〉

操業上の問題点を誰が見ても簡単に見つけられ，対処方法が定められている

⇒トラブルを迅速に把握，対処できる

〈ポイント〉

わかりやすい表示，手順

2.5 凡事徹底（継続すること）

これまで説明した項目「トップ主導の工場現場パトロール」，「4S」，「3直3現」，「目で見る管理」を導入，定着化させるための心構えについて触れておきます．活動を開始しても，すぐに効果は現われません．年単位の時間がかかるでしょう．社員に考え方，取り組み方が定着するために最も必要なことは，一言でいうと「凡事徹底」をはかることです．

「凡事徹底」とは「平凡なことを非凡に努力する」こと．即ち，“やれば誰にでも簡単にできることを徹底して極めること”です．これまで説明した項目は個々には特段難しいことではありません．ただ，それを何度も繰り返し実践することによって，やがて周囲の状況に気付き，無駄が少なくなっていくことで改善の効率も高まっていきます．

改善の効率が高まる過程については,「学習の4段階」として説明することができます．最初の第1段階は「無意識的・無能」．「根っこ改善」など知りさえもしない段階です．したがって，当然，改善など思いもしません．第2段階は「意識的・無能」．「根っこ改善」を学び始め，頭ではわかっていて，改善の知識や手法を使うことを意識している（意識的）のですが，まだ使えない（無能）状態です．第3段階は「意識的・有能」．「根っこ改善」の学習をある程度積み,意識して使おうと努力し（意識的），実際に使えている状態（有能）です．最後の第4段階は「無意識的・有能」「根っこ改善」の考え方を十分理解したうえで,実践を地道に積み重ねた結果,到達する境地です．「根っこ改善」の考え方やスキルが習慣化され，意識せずとも（無意識的）それらを使っている状態（有能）といえます．

改善の習慣が身に着くことで安全性や衛生面も向上し，礼節がよくなります．人は誰もが自分に関心があり，仕事中であっても頭のなかはプライベートなことを考えてしまったりするものです．しかし，一心不乱に改善活動をすることで自分の内側（プライベート）に向きがちな関心が外側に向かいます．すると,「気づき，気配り，気働き」がよくなります．お客様のみならず，同僚への配慮も行き届くようになるのです．そこでは「愛他精神」や「利他の心」が育まれます．

「凡事徹底」の効果は,「微差，僅差の積み重ねが大差となる」という言葉でも表現できます．何事も現状に留まっている方が楽でしょう．しかし，少しでも成果が上がるのなら，努力を怠ってはいけません．小さな積み重ねが時間を

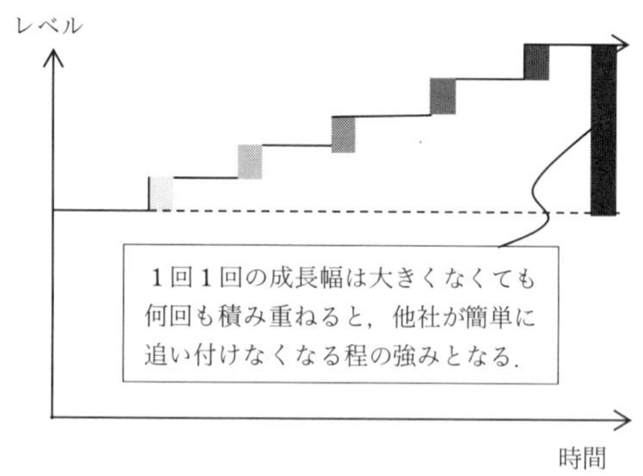

図2–24　微差，僅差の積み重ねが大差となる

経た時に大変大きな力になり，他の企業が簡単にまねできなくなるくらい向上しているはずです（図 2-24）.

〈事例紹介〉

＊挨拶で会社を変えよう

某会社の社長が率先して工場の全員に，相手をちゃんと見て大きな声で相手より先に挨拶をする習慣を徹底させました．コミュニケーションの基本を確実に実践することで,何事もみんなで議論しやすい職場風土や,業務に前向きに取り組む意識が徐々に浸透していきました．意識の変化は危険予知能力向上をもたらし，以前は平均以下だった安全成績が大きく向上しました．このような成果を通じ，職場は自信を高めるとともに雰囲気が明るくなり，さらには経営陣が従業員を褒めることで，現場のモチベーションや改善意欲も向上するという相乗効果をもたらしました．

図 2-25 に，挨拶がもたらす様々な効果を示しました．

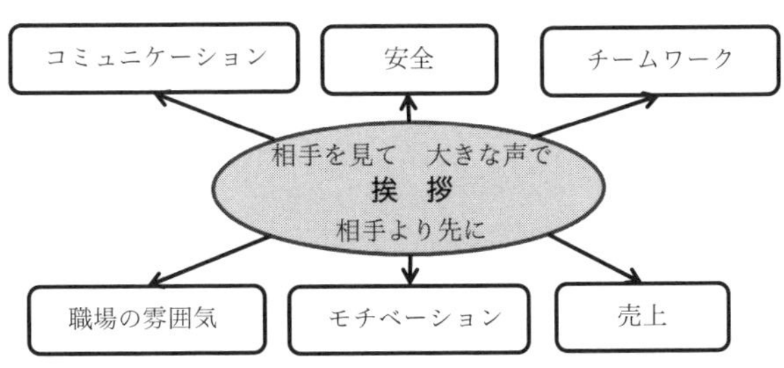

図 2-25　挨拶がもたらす効果

◆ まとめ ◆

〈凡事徹底とは〉

根っこ改善の各項目を導入，定着化するための心構え

～改善効果は年単位の時間がかかる

〈ポイント〉

「平凡なことを非凡に努力する」

「微差，僅差の積み重ねが大差となる」

3. ムダ取り・作業改善

3.1 ムダとは

ムダとは，簡単にいうと，余分なモノや動きのことです．例えば，余分なモノとは在庫，仕掛品，不良品など，需要に引当てられず，すぐにお金に替えられないモノです．また，余分な動きとは，現場における監視，手待ち，運搬など，直接生産につながらず製品の付加価値を高めない動きです．

企業内のすべてのモノや動きには費用がかかります．タダでもらい受けてきた資材や材料であっても管理費用がかかります．

本来，お客様が必要とするだけの「質，量，タイミング」でモノを提供するために費用を投じることが，利益の源泉となります．しかし，必要以上にかけた費用は，お金の垂れ流し＝ムダとなります．

ムダは漫然としていては見えてはきません．ムダには，それを見出す着眼点というものがあります．最も有名なムダの着眼点として，トヨタ自動車元副社長の大野耐一氏が著書『トヨタ生産方式』で挙げた7つのムダについて，以下に示します．

3.2 7つのムダ

1) 作り過ぎのムダ

作り過ぎると，仕掛品・在庫のムダ，運搬のムダ，加工のムダなど，たくさんのムダが発生する原因となります．

作り過ぎのムダを発生させないよう，必要な品質の物を，必要な時に，必要なだけつくるようにすれば，この無駄は発生しません．

そのためには受注･納期管理を行い，製品や作業ごとの生産性を把握して，納期に合わせた生産計画を立て，ちょうど良い時期に必要な量だけを生産することです．生産性を正確に把握するためには，日報の精度を高めることが必要です．

以下では，事例を挙げて，作り過ぎのムダがどのような事態を引き起こすかを見てみます．

ある工場では，出荷梱包用の段ボール箱を作り置きして積み上げていました(図 2-26)．しかし，作り置きすると，虫やごみなど異物混入の可能性があり，さらに段ボールの廃棄などムダが出る可能性が増します．

図 2-27 は，作り置きしておく場合と，必要なぶんだけをつくる場合の 2 つの作業を図示したものです．「①予め作っておく方法」では，「②その場で必要量を作る方法」に比べ，3 工程も作業が多いことに気付いていただけるでしょうか？

図 2-26 予め作り，積み上げられた出荷梱包用の段ボール箱

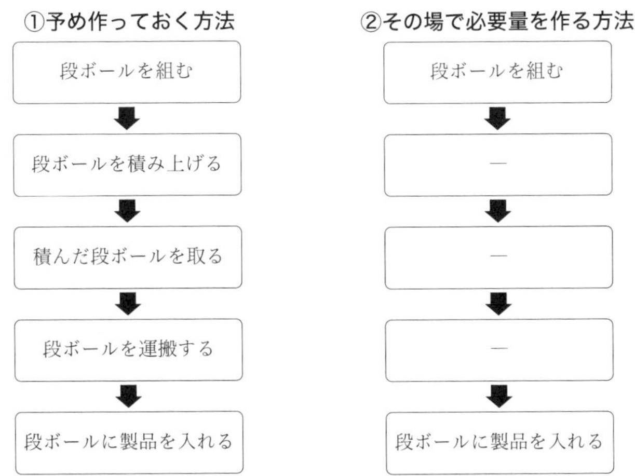

図 2-27 作り過ぎのムダから，他のムダが派生する例

この余分な3つの工程は，作り置きのムダから派生しています，段ボールの積上げと積下ろし作業は動作のムダでもあり，運搬のムダも発生しています．

また，段ボールを積み上げるためにスペースを取っており，そのために工場内の動線を邪魔したり，スペースのムダも発生しています．

このようなムダを解消するためには,「②その場で必要量を作る」ようにすれば解消できます．

2)　手待ちのムダ

手待ちのムダとは，前工程や修理などが終わるまで，次工程の作業者が待たなければならないことで発生するムダで，次のような条件で発生します．

- 前後の工程の処理能力が大きいなど工程時間の差が大きい
- 設備を使う際に，作業者に手待ちが発生する
- 設備故障などにより，作業者や設備に待ち時間が発生するとき

図2-28の例では，工程A→B→Cの順番で作業が流れています．工程Bの処理時間が短く，工程Bの前では手待ちが発生し，工程後ろでは仕掛品が山になっています．

この事例は，工程間の作業負荷のバランスが悪いために発生している手待ちのムダです．工程間の作業負荷のバランスを「ラインバランス」といい，このような状態を「ラインバランスが悪い」と表現します．

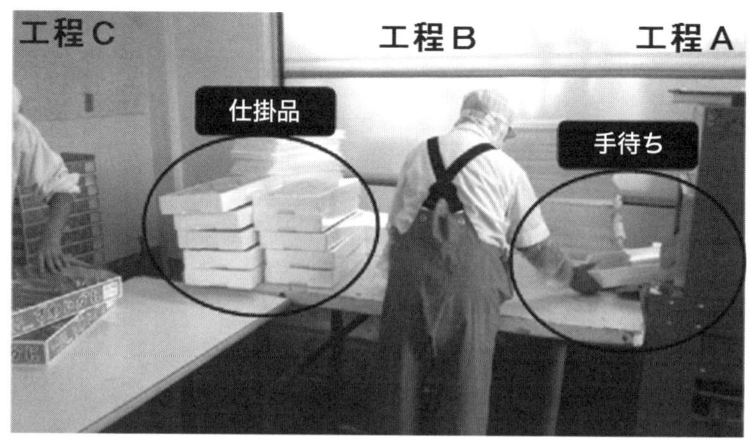

図2-28　工程時間の差から発生する手待ちのムダの例

この事例の生産ラインが，工程A–B–Cのみで構成されているとした場合，3つの工程の中で1ワークあたりの処理時間が最も長い工程を計測により確認します．この計測により見つかる処理時間が最も長い工程を「ボトルネック工程」と呼び，ライン全体の生産スピードの決める工程となります．

したがって，工程全体の生産スピードや生産性を改善するには，ボトルネック工程を改善する必要があります．その他の工程を改善してもライン全体の生産性には影響しません．

3) 運搬のムダ

不必要な運搬は，運搬経路中での事故の発生確率を増やし，仕掛品や製品への傷などの発生確率も増やします．その上，運搬自体は付加価値に寄与しないため，不必要な運搬は排除するべきです．

以下に具体的な例を挙げます．

キャベツを2つ切りにしてラップ包装する場合，2つ切り専門の工程とラップ専門の工程に分けた方が，習熟度も上がり専門性も高くなるため生産効率が

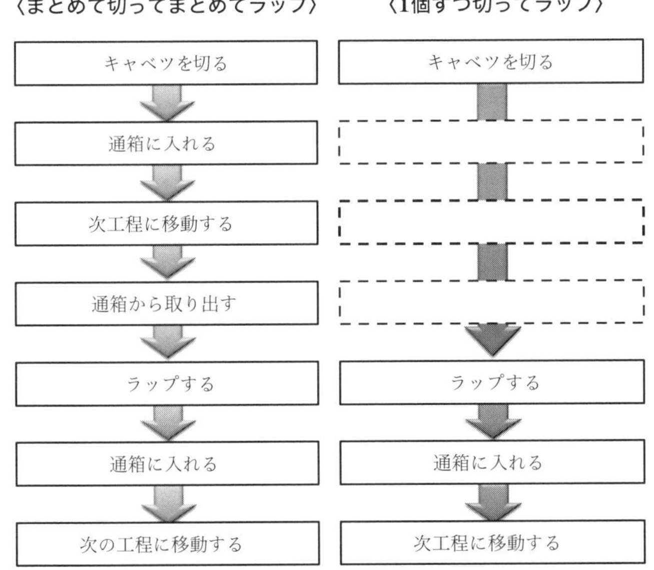

図2–29 キャベツを切ってラップする工程

良いのではないかと考える人が多いのではないでしょうか．ところが，実際に試してみると，キャベツを2つ切りにしてすぐにラップをする方が，生産効率が高いことが多いのです．

この理由を考えてみると，図2-29に示しましたが，1個ずつ切ってラップをする方が3工程ほど少なくなるからです．この3工程はすべて運搬のための作業であり，キャベツを切る工程とラップをする工程を合わせて1人の担当者の行う1つの工程にすれば，不要となる作業です．

ただし，キャベツを切るという加工とラップをするという加工の間に，時間のかかる段取替えがないことが条件です．通常は，ラップローラーを作業台に固定しておけば，段取替えは発生しません．

段取替えがある場合でも，とにかく実際にやって計測し，比較して，効率性を評価するように心がけてください．何事もやって計ってみて決めましょう．

4)　加工そのもののムダ

加工そのもののムダとは，本来不要な加工や作業を行うことです．このムダは，「従来からこの方法でやってきたから」という理由や，「それが常識だから」という理由で，必要かどうかを検討することなく工程に含まれていることが多いムダです．

前項で述べた，キャベツのカットとラッピングを合わせて1つの工程とした事例は，カットはカットだけ，ラッピングはラッピングだけを行うことでより効率的な作業ができるという“思い込み”から発生したものです．

この他にも，後工程で洗浄処理が集約されたにも関わらず，以前から行っていたという理由で，皮むき工程後の洗浄工程を残している事例などがあります．

5)　在庫のムダ

在庫のムダとは，需要に見合う以上の在庫や目的のない在庫が，経費を増加させることです．

作り過ぎのムダがある場合，前述したように，必ず在庫のムダが発生します．

ムダは，“無駄をムダと思わない，気付かない”ところから発生します．何事に対しても，「今まで大丈夫だったから」と見過ごすのではなく，「これで本当によいのか」と常日頃から注意深くムダを見つける努力を惜しまないようにし

〈パレットに仮置き〉

〈台車に載せたパレットに積み替えて移動〉

図 2-30　仕掛在庫のムダ：なぜ最初から台車のパレットに仮置きしないのか？

てください.

在庫のムダをなくすためには，まずは作り過ぎのムダをなくすことです.

作り過ぎのムダの改善については，後述する本章 4.7「生産計画とシフト制の導入」の項を参照してください.

ここでは，実際の現場で気付いた在庫のムダを紹介します.

この事例では，仕掛在庫は必要がないにもかかわらず，その置き場をつくり，そこに仕掛品をストックしてムダが発生していました.

図 2-30 は，ある冷凍食品加工工場の例です．この工場では，仕掛品は図の左のような枠付きの配置場所に積み重ね，その後，そこから台車のパレットに載せ換え，そのまま急速冷凍庫に移動していました.

ここで，積み替えに 20 分以上を要しており，一時的に仮置きするよりも最初から台車に載せたパレットの上に仕掛品を置くことで，構内在庫ではなく移動途中の在庫として，積み替え時間が不要になります．このようなことも在庫のムダです.

6) 動作のムダ

動作のムダは，不必要な動作や無理な動作により生じるムダです．スムーズでない動作は効率が悪いだけでなく，作業者の体力を奪い取り，最後は気力にも影響するため，品質や安全性も阻害します．

「だらり（むだ，むら，むり）」をなくして，効率的に作業を行うための改善の考え方として，1923年にギルブレイスの研究成果として発表され，その後数々の研究家によって拡張と細分類がなされている「動作経済の原則」（後述3.3の1)を参照）があります．この考え方は，現場で培われてきた経験則を取り上げ整理し，分類されたものです．「動作経済の原則」を理解し，記憶し実践することで，それまでは見えなかった動作に関する様々なムダが見えてくるようになります．

特に，女性の従業員の多い食品製造業では，“疲れないこと”は品質維持にとって重要なポイントとなると思われます．社内での勉強会やセミナーを通じて，「動作経済の原則」を是非，導入されることをお勧めします．

7) 不良品のムダ

不良品のムダとは,不良品をつくり出してしまうことで発生するムダです.不良品を廃棄すると，不良品をつくるために費やしたすべての経営資源がムダになります．手直しをすると，余分に経費と時間がかかり，それもムダになります．また，不良品を廃棄することで，廃棄するのにかかる“人”，“もの”，“金”がムダになります．不良品が生みだすムダは，正常なモノの流れを乱し，良品の生産にも悪影響を及ぼします．

そして，さらにそれよりも影響が大きいのが，不良品が検査を通過して市場に流れてしまった場合です．この場合は，お客様へのクレーム対応，損害を与えた場合は損害賠償，原因究明や信用失墜による操業停止や大量の返品の発生などのリスクがあり，最悪の場合は廃業に追い込まれることもあります．つまり，あらゆるムダの中で最も大きなダメージを経営に与える可能性があるものです．

そのため，不良品の発生を防止し，発生したとしても，その影響を最小化することに重点を置きます．

具体的には，次のようなことです．

1. 不良品を発生させない
2. 発生した不良品は，工程内で排除する

そのために，以下のような対応をとります．

「1.」については：工程の中に不良品が発生しない仕組みを導入することで不良品を発生させない

「2.」については：不良発生確率の高い工程の後に工程内検査を実施し，発生した不良品はできるだけ早い段階で排除する

以上のような方法をとることで，人，モノ，金，時間の経営資源を投入しなくて済むように心がけます．

なお，上記の対応策は，工学的に誰が行っても要求されるレベル以上の結果を生む方法であるべきです．人の感覚のみを頼りにするような監視であってはなりません．

また，工学的な検査方法といっても，各工程で材料の形状や重さがそれぞれ異なる食品製造業の場合，その方法を選択することは簡単ではありません．

食品製造業では，ある程度は許容するという検査と，100%検出しなければならない，という2種類の検査がありますが，どちらが要求されているのか，技術的にどちらが対応可能かを十分に検討して，検査への過剰な投資や必要以上の労働力の投入を避け，品質と生産性とのバランスをとるように意識してください．

例えば，絶対に混入が許されない金属の探知は機械で行います．しかし，ニンジンの短冊切りに短い切れ端を混入させない要求の場合は，切れ端が混入していたとしても，お客様の損失は大きくはありません．そこで，これをすべて除去するための費用とお客様のメリットを比較し，検査にかける費用がお客様の得る価値を上回らないように調整する必要があります．また，このような要求の場合は，工程内に品質確保の仕組みを導入することが可能なケースもあるので，まずはコストのかからない，足元からできる仕組みを導入することから検討してください．

3.3　ムダ取り・作業改善のテクニック

1)　動作経済の原則

動作経済の原則は大きく分けて，「A：身体の使用に関する原則」「B：作業場の配置に関する原則」「C：設備・工具の設計に関する原則」の，3つの原則から構成されます．

これら3つの原則は，これまで様々な製造業で効果を発揮してきた経験則であり，空手の奥義みたいなものですから，最初はあまり深く考えず受け入れ，試してみましょう．そして効果があると思えば，やってみましょう．現場改革では，簡単にできることならすぐ試してみる姿勢が重要です．

以下に，3つの原則の各々の内容を示します．

A：身体の使用に関する原則

1. 両手の動作は同時に始め，また同時に終了すべきである．
2. 休息時間以外は同時に両手を遊ばせてはならない．
3. 両手の動作は反対の方向に，対称かつ同時に行わなければならない．
4. 手および身体の動作は，仕事を満足にできるような最小単位に限定すること．
5. できるだけ惰性を利用して，体に余計な負担をかけないようにすること．筋力を用いて惰性に打ち勝つ必要のある場合には，惰性は最低限にすること．
6. ジグザグ動作や突然かつシャープに方向変換を行う直線運動より，スムースに継続する手の動作が好ましい．
7. 弾道運動は制限された運動（固定）やコントロールした運動よりはるかに早く，容易であり，正確である．
8. できる限り，楽で自然なリズムで作業ができるように仕事をアレンジすること．
9. 注視の回数はできるだけ少なく，かつ，往復の間隔を短くすること．

B：作業場の配置に関する原則

10. 工具および材料は，すべて定位置に置くこと．

11. 工具，材料，制御装置は作業に近接し，かつ体の前面に置くこと．
12. 材料を使用点の近くに運ぶには，重力利用の容器を使用すること
13. できるだけ落し送りを利用すること．
14. 材料，工具は動作を最良の順序で行うように配置すること．
15. 視覚のために適正なコンディションを備えること．満足な視覚を得るための第一条件は，良い照明である．
16. 作業場所および椅子の高さを，立ち作業や座り作業，いずれも容易にできるようにできるだけアレンジすべきである．
17. 作業者が正しい姿勢がとれる形，および高さの椅子を各人に備えること．

C：設備・工具の設計に関する原則

18. 治具や取付具，または足操作の装置を用いたほうがいっそう有効にできる仕事では，手を用いないこと．
19. 工具はできるだけ組み合わせること．
20. 工具や材料は，できるだけ体の前に置く．
21. タイプライターを打つときのように，各々の指が特定の働きをする作業の場合，各人の固有能力に応じて作業量を分けること．
22. 作業者が，体の位置の変更を最小限にとどめ，かつ最大のスピードで最大限容易に操作できるように，レバー，ハンド・ホイール，その他の制御装置の位置を決めること．

2) ECRSの原則

ECRSの原則とは，業務改善を行う上での順番（1.～4.）と観点を示したものです．ECRSの意味を，前項3.2の「3) 運搬のムダ」「4) 加工そのもののムダ」で示したキャベツの加工の例を当てはめると，次のようになります．

1. E（Eliminate）排除：運搬に関する工程をなくせないか
2. C（Combine）結合：キャベツを切る工程とラップする工程を一緒にできないか
3. R（Rearrange）交換：加工の順序を変更できないか（キャベツの事例にはありませんでした）

4. S（Simplify）簡略化：キャベツを切ってから製品化するまでもっと単純にならないか

このECRSの原則は，ECRSの観点で考え，実際に行ってみて，短縮化が計測的に証明されたら採用します．それと，今まで常識と思っていたことでも意外にそうでなかったりすることもあるので，“とりあえず実験する”という姿勢が，現場の改善には重要です．

このようにして効率的な工程や作業方法がわかったら，それを工場全体で共有化することで，さらに多くの利益を得てください．

後述する「5）最適な作業標準の設定」でも，このことに関連して述べます．

3） 段取り時間の短縮

段取替えがある場合の改善の基本は，段取作業を予め準備し，生産中には発生させない外段取とすることです．しかし，外段取りにできるような設備は，中小の食品製造業の場合はそれほど多くは見受けられません．

段取替えは，洗浄や刃の取り換えなど，生産対象が変わる際に発生します．

このような場合でも，段取替えを極力行わない方法があります．それは，生産計画の順番を調整し，できるだけ同じ対象を生産するように構成することです．そのために，生産計画をしっかりと作る必要があります．

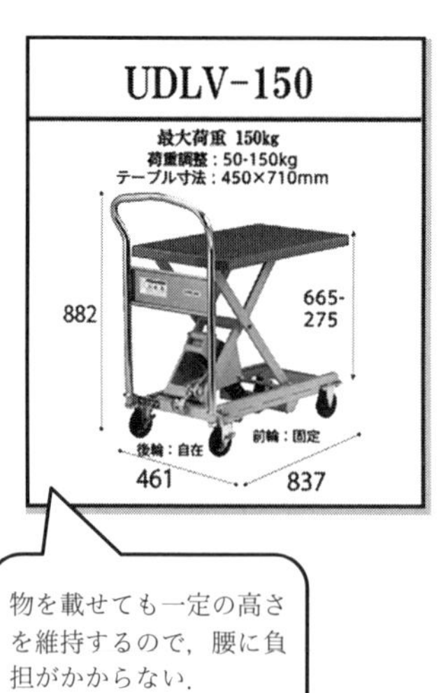

図2-31 腰の負担を軽減する台車

4） 治工具，設備の改善

治工具や設備は，「動作経済の原則」や「ECRSの原則」，「7つのムダ」の視点のもとに積極的に改善されるべきです．

今まで，カット野菜事業者の現場で，作業台の高さと台車の高さが合わないため，コンテナに入った大変重い仕掛品を女性が持って低い台車に載せたり，低い台車から高い作業台に持ち上げたりする光景を多く見かけました.

動作経済の原則に立って，できるだけ作業者が楽に作業できる環境をつくる必要があります.

例えば，図 2-31 に示したような台車では，コンテナをスライドさせるだけで移動できるように，作業台と台車の高さを合わせることができます.

このように，治工具や設備はできるだけ作業者の負担を軽減するように，継続的に改善していかなくてはなりません．作業負担の軽減は全体的な品質・生産性・作業環境の向上をもたらします．特に，食品製造業は雇用条件が悪く，採用に苦労していると思います．そのような中で，長く働ける職場をつくることは採用費用を削減し，経験豊富なより高い能力を持つ人材を育成するための環境を整備することにもなります.

5) 最適な作業標準の設定

「7 つのムダ」「動作経済の原則」「ECRS の原則」の視点から，最適な作業の方法がわかったら，それを企業全体で共有し，改善効果をより大きなものにするべきです．共有することで経済効果も大きくなり，より収益性に貢献することになります.

最適な作業方法の共有には，図 2-32 のように，容器の色や形を統一してわかりやすくしたうえで，現場の所要の場所に貼り出しておくなどするとよいでしょう.

図 2-32　作業標準：容器の種類

4.　改善を継続する組織づくり（改善を継続する方法）

4.1　組織を活かすための基本知識

ここでは,組織力を発揮するための基本的な知識について述べます.ここでご紹介する組織原則は，現在の組織の問題を分析し改善するために明日からでも使える身近なものです．特に，プロジェクトチームなど短期間で成果を上げなければならないような組織であれば，さらに適用しやすいでしょう．また，変革の時期には新しい組織をつくることも増えてきますので，この組織原則を意識して組織構成をするようにしてください．

第1章3.1「改善前に最初に行うべきこと」で述べたように,組織が機能するためには，①共通の目的，②貢献意欲，③コミュニケーションの3つが必要です．この3つの条件は組織であるための基本条件ですが，さらに，組織構造に着目し，組織を効果的に機能させる基本原則があります．これを「組織原則」といい，以下に述べる5つが，その内容です．

1)　専門化の原則

専門化の原則とは，特定の組織および人材には，特定の業務を継続して任せることで経験値が蓄積され,生産効率や作業品質が向上することを示しています.

ただし，1つの作業しか任せてはいけないということではありません．本章3.2の「3)　運搬のムダ」で述べた，キャベツを切る工程とラップする工程を1人が行うようになって運搬のムダを排除できた事例を述べましたが，このような一連の作業であれば，専門化します．

また，特定の業務とは，一般にはもう少し広い範囲を示します．専門化の原則を活用している典型的な例が，スタッフ組織です．具体的には，総務，会計,人事などですが，これらの部門は，それぞれ業務に専門性があり，長年の業務経験により組織および個人に経験値が蓄積されることによって，より高度な問題に対応したり，定型処理であればその効率が上がります．

2)　権限・責任一致の原則

責務を与えるときには，責務を果たせるだけの権限を与えなければ，その責務を果たせません．そうでなければモラールの低下を招き，組織として機能しなくなることを示しています．

例えば，調達担当者の決裁権が10万円までしかなかったとしたら，その担当者は10万円以上の材料についてその場で意思決定することができず，その都度，上司に問い合わせなければなりません．これでは，良い商品を見つけてもすぐに調達することができず，成果が出せずにモラールが低下します．

この“モラール（morale）”とは，経営用語としては「組織で与えられた役務や役割を果そうとするやる気」を意味します．道徳観を示す“モラル（moral）”とは異なる言葉ですので，意識して使ってください．

3) 統制範囲の原則

統制範囲の原則とは，1人で管理することができる範囲には限界があり，その人数は5人程度である，というものです．

人間の短期記憶は，一般的には7つまでといわれています．その7つの中で，2つ程度は常に使われており，空いている短期記憶は5つまでしかないので，一度に認識していられるのは5つまでであり，組織の管理構造としては管理する対象が5つ以内になるように組織を構築することで，組織の命令系統による機能障害を防ぐことができるというものです．

この5という数字は，以前私が，失敗したプロジェクトと成功したプロジェクトを比較分析した際，1人で7人以上を管理すると失敗するケースが増え，20人を超えたときには失敗が顕著になるという結果が出ました．統制範囲を超えた管理を行わなければならない組織は，管理系統の機能不全となり，同時多発的に著しい勢いで問題が発生し，プロジェクト事態が機能しなくなります．私がいた世界ではこういった状態を「プロジェクトの炎上」と呼んでいました．

4) 命令一元化の原則

命令一元化の原則とは，命令系統は一元化されていなければいけないというものです．この逆は，ワンマン2ボス（1人に2名の上司がいる）の状態です．

例えば，“工場長と，担当主任の2人から命令を受けるような組織構造は回避せよ”というものです．この場合，2人から命令が入った場合，命令が異なることがあります．異なる命令を受けた部下はどちらを先に行うかわからず，もしかすると各々の命令が矛盾しているかもしれません．このような状態では，部下が一定レベル以上の処理能力を持たない場合，機能不全を起こし，生産性が著しく悪化してしまうケースがあります．つまり，このような事態を回避するために，命令系統は一元化せよということです．なお，ワンマン2ボスに限らず，命令系統が複数あることが問題です．

1人の人材に2つ以上の命令系統から同時あるいは相前後して指示が入ると，その人に高い調整能力とタスク管理能力がない限り，集中力を欠いた作業によるミスの連発や事故，作業品質の低下，高ストレス状態が続くことによる躁鬱症状の発症など，様々なトラブルが発生する可能性があります．

特に経験値の低いパート従業員が高いタスク管理能力と調整能力を持つことは一般的には考えられないので，命令一元化の原則を意識して守られることをお勧めします．

5) 権限委譲の原則

権限委譲の原則とは，本来上司に属する権限を部下に委譲することで，委譲した権限範囲での責務も引き受けることになります．権限を委譲された部下は権限範囲における自律的な意思決定と行動をとるようになり，1つ高い視点で物事を考えるようになります．この結果，モラールが向上するとともに短期間に部下が成長します．

実際に権限委譲をしてみると，最初のうちは間違いが増えるため，実施前に意思決定にいたる因果関係を説明させ，内容のチェックを頻繁に行うことが必要になりますが，確実に部下のモラールは向上し，成長が早くなります．

この段階を過ぎると，規模の小さな業務については意思決定から実施までを完全に任せることができるようになり，上位の管理者の負担が軽減され，成長した部下の処理能力と組織力が向上します．

4.2 各部署でクレドを作る

企業理念は，企業全体の価値観や存在意義，あるべき姿を定義します．一方，クレドとは企業理念を具体化し，従業員1人ひとりの立場の「あるべき姿，信条，行動指針」を言語化したものです．「クレド」とは，ラテン語で「志，約束，信条」という意味です．もちろん「クレド」は企業全体でも示す必要がありますが，それに基づいて各部署でも，より具体的な「あるべき姿」を考え掲げましょう．

4.3 朝礼の実施

朝礼は短時間の情報共有の場であるとともに，何度も繰り返して従業員に植えつけておきたい価値観などの刷り込みの場として活用します．

先に，経営理念と社員憲章の重要性と効果について述べました．経営理念と社員憲章は，パートやアルバイトも含めたすべての従業員が，その意味も併せて覚えておくべきものです．そのような状況ができて初めて，価値観の全社共有が達成されます．価値観の共有は組織の生産性を格段に向上させるほか，品質や作業効率の向上も見込めます．

そのため，2 日に 1 度などの頻度で，社員憲章と経営理念をみんなで唱和されてはいかがでしょうか？ “唱和する行為で経営理念や社員憲章が浸透するはずないだろう”と思われるかもしれませんが，これまで，私が見てきた経営理念と社員憲章の浸透に成功している企業は，唱和するだけでなく，経営者がこれらの重要性を従業員に対して何度も説明しています．是非，朝礼の機会に，経営理念・社員憲章の重要性を説くとともに，唱和することをお勧めします．

朝礼はその日の作業方針と入出荷スケジュールの共有のためだけに実施されていることが多いのですが，これに，従業員の心得やあり方の唱和，当日の生産性目標と前日の生産性実績の報告，成績優秀班の発表などを追加します．

生産性目標の結果を日報から翌朝に報告するのは，最初のうちは難しくても，生産性を記録し，その収益性を計算するエクセルシートなどへの入力が事務方でできるようになれば，記録，分析が早くできるようになり，翌日には発表することも可能になると思いますので，まずは焦らず一歩一歩課題を解決していって下さい．

◆ まとめ ◆

朝礼は毎朝の通達を行う場としても重要ですが，経営者が従業員に経営理念や社員憲章を説明し，唱和などの方法で頭に叩き込む場所として有効に活用することを推奨します．

1つの目的と行動理念を社員の多くが共有した組織は，高い組織力を発揮します．そのような組織になるための機会が朝礼です．

4.4 小集団活動の実施

小集団活動は少人数のグループによる従業員の経営参加の方法の1つであり，現場改善や生産性改善などの経営改善テーマをもって活動を行います．

目的が達成できたからといって解散することはなく，継続的に活動を行います．

同時に，日常的なコミュニケーションの場としても機能し，仕事上でわからないことや悩みなどを先輩従業員に相談する場所ともなります．

小集団は同じ部門内で構成される場合と，部門横断的に構成される場合があります．

同じ部門内の構成では，業務上の問題をみんなで意見を出し合って解決することをテーマとすると，部門内相互のコミュニケーションが密になり，問題が発生する前に原因を解消することができるようになります．副次的効果としては，組織としての問題解決力が向上し組織力が高まります．

部門横断的な構成の場合には，同部門構成と同様，業務上の問題を解決する点では同じですが，その問題が部門横断的である点と，様々な経歴を持つ人材がそれぞれ異なる視点で意見を共有しあうため，より高度な問題解決機能が醸成されます．副次的効果としては，日常業務では知ることのできない，他部門が抱える問題や役割や機能を知ることができ，他部門との顔つなぎ役や幹部養成のための場とすることができます．

このような共同活動を行うことで，従業員間のコミュニケーションの醸成と信頼関係の構築，および仲間意識の構築がなされ，経営側もこれらの組織の成果について積極的に評価し，それに見合う報酬を提供することで，経営参画意識を醸成していくことが可能です.

経営改善を継続するためには，例えば，7つのムダの改善事例や，ECRS改善事例，動作経済の原則について，Off-JT（外部研修）などを行ったうえ，自社の担当する現場について改善提案を求め，その結果を積極的に試験運用し結果を評価し現場改善研究の実施，現場改善およびその効果計測と分析などの機能を持たせることもでき，継続的な改善のエンジンとしての効果が期待できます.

後輩の技術者やパート従業員が，先輩に作業の情報を教えてもらえるような場としても機能します.

このような，互いの問題を議論しながら解決していくコミュニケーションが，仲間意識を醸成し，貢献意識を生み出すことにもなります.

小集団活動が軌道に乗り，様々なチームが活性化した場合，それらのチームによって自然と改善が進み，さらに強力な組織をつくることが可能となります.

このような活動が活発な企業は，新しい取り組みへの対応や切替えも早く，新制度の導入もスムーズに進むことが多く，導入後にも新制度に対する効果計測，不満や満足度と改善案の吸い上げを行うことで，制度改善と定着に力を発揮します.

◆ まとめ ◆

小集団活動は，同じ部門内で構成される場合と，部門横断的に構成される場合があります．

- 同じ部門内の構成では，以下のような効果があります．
  - a 業務上の問題解決と事前の問題原因の解消
  - b 部門内コミュニケーションの醸成
  - c 組織としての問題解決力が向上
- 部門横断的な構成の場合には，以下のような効果があります．
  - a 部門横断的な問題解決と事前の問題原因の解消
  - b 部門横断的コミュニケーションの醸成
  - c 幅広い視点からの総合的な問題解決力の醸成
  - d 日常業務では知ることのできない，他部門が抱える問題や役割や機能を知ることができる
  - e 他部門との顔つなぎ役や，幹部養成のための場として機能する

4.5 ICTシステム導入に必要な人材とその確保

1) 食品製造業のICTシステム導入

食品製造業でICTシステムを導入しているケースは，一定以上の規模の企業に多く見られます．中小の食品製造業にはICTシステムの導入は無理だ，と思われているかもしれませんが，それは費用対効果で判断してください．

近年, 安価なクラウドパッケージが増えています．ERP（Enterprise Resource Planning: 経営資源計画－ヒト・モノ・カネの動きを統合的に管理する＝基幹統合）システムなどでも安価といってもパラメーターのみのカスタマイズで初期費用数十万円，毎月3万円といったものから，カスタマイズ費用込みで初年度1,300万円，毎月3〜10万円程度のものまで，様々なものが提供されています．

これらのシステムを選択する上で，ポイントとなるのは以下の項目です．

なお，ここではクラウドサービスをパッケージシステムやパッケージと表現していますのでご理解ください．

表 2-2 システム選択のポイント

	システム選択のポイント
1)	システム導入の目的
2)	新業務プロセスと導入候補パッケージシステムの対応業務のフィットギャップ分析
3)	システムの冗長性・可用性
4)	システム導入期間
5)	複数の業務機能を持つ場合に，必要な幾つかの機能から使うことができること，データベースが共有化されていること
6)	複数のデバイスでの利用が可能であること
7)	必要なデータをエクセルなどで使えるフォーマットでダウンロードする仕組みを持っていること

以下，具体例があった方がわかりやすいので，題材に話を進めます．

■例題）K 社が短期間で導入できる，購買業務用パッケージの導入を検討しています．

(1) システム導入の目的

まず，最初にシステム導入の目的を明確にしてください．システム投資は長期に見るとクラウドであっても，それなりの投資になります．また，目的を明確にしないまま投資をしても，結局は十分な効果が得られないという結果になりがちです．

システム投資の目的を明確にするということは，社内外の問題を十分に整理し，その解決策を明確に意識できているということです．一般的に行われるプロセスとしては，おおよそ以下のようなものです．

A) 現場からの改善要望整理

B) 複数ある改善要望，および対象業務の現在の問題点の影響範囲，および改善した場合の投資効果を算出

C) 投資効果が大きいものについて，問題点を整理

D) 現在の問題点を解消できる新業務フローを作成

E) 掛かる費用と投資効果により，システム投資範囲を決定

「応用情報技術者試験」の問題では，上のプロセスを次のように表現しています．

■例題）現行業務を分析し改善要望を整理した結果を基に，業務機能（表 2-3）を定義し，新業務フロー（図 2-33）を作成した．

表 2-3　新業務機能の定義

No.	業務機能	内　容
1	見積取得依頼	現場担当者が，購買部に見積取得を依頼する．
2	見積依頼	購買部が，現場担当者からの見積もり取得依頼を基に，仕入先に見積りを依頼する．
3	見積回答	仕入先が，見積回答を直接入力する．
4	見積回答確認	購買部が，見積回答を確認する．
5	発注依頼	現場担当者が，発注依頼内容を入力し，購買部に発注を依頼する．
6	発注	購買部が，現場担当者からの発注依頼を基に，仕入先に発注する．
7	受領・検品	現場担当者が，商品を受領した結果と検品した結果を入力する．
8	検収	購買部が，発注した商品について検品が合格であったことを確認し，検収を行い，買掛金を計上する．
9	請求	仕入先が，請求内容を直接入力する．
10	請求書照合	経理部が，仕入先からの請求データと購買部からの検収データを照合し，仕入先への支払金額を確定する．

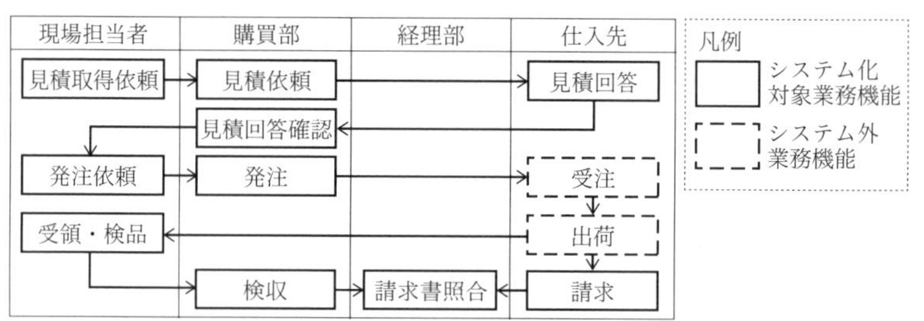

図 2-33　新業務フロー

(2)　新業務プロセスと導入候補パッケージシステムの対応業務のフィットギャップ分析

ここで，表 2-3 と図 2-33 で定義した，新業務機能と新業務フローを導入しようとするパッケージシステムの機能を比較し，フィット（一致点）とギャップ（不一致点）を整理します．

その後，ギャップへの対応策の費用対効果を評価し，費用対効果が高ければカスタマイズなどの投資を行うか，パッケージの設計などの理由で，対応できないのであれば，あきらめてそれを使うか，他のパッケージシステムを検討するかを判断します．

(3) システムの冗長性・可用性

システムの冗長性とは，単にデータやシステムのバックアップが取られているだけでなく，障害発生時に，速やかにバックアップのシステムに切り替えて運用が継続できる状態を指します．Microsoft が提供する Azure などは, 日本国内の他，海外にもサーバーがあり，高い冗長性を確保できます．

可用性とは, システムを利用したいときに利用できる度合いを表すもので, 一般的には図 2-34 の数式で表現されます．

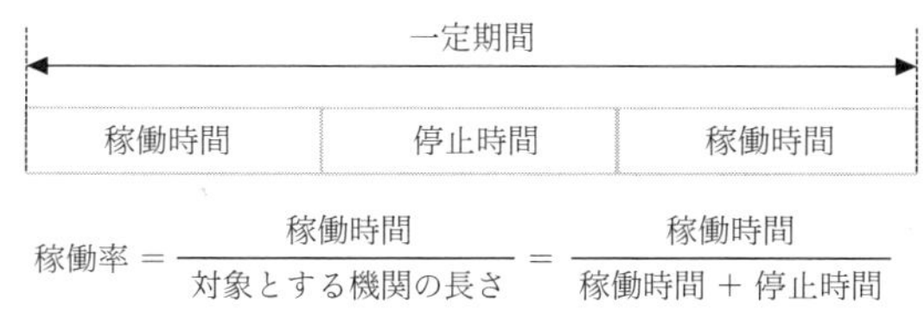

図 2-34　可用性を評価する稼働率

(4) システム導入期間

システムパラメータの設定や，データベースのギャップを埋めるための機能の設定，およびカスタマイズなどを経て，システムを稼働できるまでの期間は, 短期間であればあるほど，業務に影響が少なく，導入効果を得ることができます．

(5) 複数の業務機能を持つ場合に, 必要な幾つかの機能から使うことができること，データベースが共有化されていること

例えば，ERP システムなどは，人事管理，勤怠管理，請求書発行管理，受注管理，債権管理，倉庫管理，生産管理などの複数のシステムを統合したものですが，ERP の中には，それぞれの機能を単独で機能させ，データベースは共通

化されているものがあります．中小企業を対象とした場合，すべての機能を一度に導入するよりも，1つずつプライオリティの高い機能から導入し，費用もその都度掛かる仕組みがリーズナブルです．また，共通のデータベースが使えると，データを共有できるため，余分な入力が不要となります．

別ベンダーのシステムでも，データ入力が2度手間にならないようなシステム導入の方がお勧めです．

(6)　複数のデバイスでの利用が可能であること

例えば，倉庫管理や生産管理などの機能がある場合，ハンディスキャナーやタブレットが利用できると，バーコードを使った倉庫管理，差し立てをバーコードで管理した生産管理システムなどを柔軟性が高く導入できます．

複数のデバイスが使えるということは，ハンディスキャナーやタブレットでも，最も安価なものから高機能なものまで選択肢が広がります．

(7)　必要なデータをエクセルなどで使えるフォーマットでダウンロードする仕組みを持っていること

この機能があるかどうかを，私はアドバイスを行うときに重要視します．なぜかというと，ほとんどの場合，システムに初めから実装されている分析機能は，簡易的なものが多く，欲しい情報を得ることが難しいからです．

そこで，データベースから直接SQL（データベースシステムへの問合せ言語）や，代替するものでデータをローカルPCにダウンロードし，それに対して分析を掛けられるものであれば，いろいろなことが見えてきます．

例えば，取引先ごとの収益性や，売上と原価なども拾い上げることができるかもしれません．

現在，AIなどで分析できるツールは，Python（オブジェクト指向言語）で使えるものや，Googleが提供するGWSなどのサービスが，無償あるいは低価格の利用料で提供されています．以前は，数十万円から数百万円出さなければ利用できなかったそのような分析サービスが，安価に使えるようになっています．将来のことも考えて，是非，このような機能にはこだわって欲しいものです．

自分でできなければ，クラウドソーシングやアルバイトを雇う道もあります．

また，現在はWebセミナーが豊富に用意され，安価にどこにいてもWebセミナーを受講し，空いた時間で必要なICT技術を身に付けることができる環境が整っています．ご利用を前向きに検討されることをお勧めします．

2) ICTシステム導入の効果

例えば日報について，最初のうちはエクセルによる管理でもよいかもしれませんが，受注データや資材データとの相関関係を管理する必要が大きくなると，ICTを導入する必要が出てきます．

現在では，クラウド型のサービスとして，生産管理に活用できるような，製造番号（製番）やJOB番号で管理できるPASMOなどを個人認証に活用できる安価な勤怠管理サービスが提供されています．

また，ERPシステムでは様々な業務システムを同一のデータベースを使ってデータを共有し統合的に管理できる．例えば勤怠管理，在庫管理，調達管理，ワークフロー，スケジュール管理，人材管理，顧客管理，営業管理などを統合している．システムによって内容は異なるが，1ライセンス3万円/月のものから，1,500万円の初期開発費用と，1ライセンス3万円および5ライセンスからといった，安価な利用料で使用できるクラウド型システムが存在します．

前者はカスタマイズのパラメーター操作でしかできないので，業務側を変更する必要が出てきますが，後者は非常にカスタマイズ性が高く，多くの業務，特に，生産の流れを管理することも可能です．

なお以前は，ERPシステムの値段は数千万円が普通でした．10年前までは最も安価なシステムでも，3千万円は下らない費用が必要でした．

また，高額な保守費用やOSのバージョンが変ることによるアップデート費用でさらに数千万円から数億円必要でした．現在のクラウド型システムは，毎月の利用料だけで，OSのバージョンアップにも自動的に対応できます．

3) ICTシステムの導入に必要な人材

ICTシステムの導入を考える場合，例えば新事業の業務プロセスを定義しなければなりません．また，従来の業務プロセスを明確化し，問題点を洗い出し，ICTシステムを導入する前提で，改善する業務プロセスを定義しなおす必要があります．新事業と従来の業務プロセスの改善版について，ICTシステムとのフィットギャップ（業務プロセスとICT機能の差異）分析を行い，その差異がカスタマイズによって埋められるかどうかを評価し，あるいはICTシステム側の業務プロセスに合わせても目的を達成できるかも評価し，自社の業務が要求する機能を満たすICTシステムの導入を選択します．

導入後においても，日常業務を行う中で，様々な現場からの業務と一致していない，などの文句が上がってきます．多くは，特定の部門のローカルルール，あるいは特定の取引先間でのローカルルールを，ICTシステムの中に取り入れて運用できるようにして欲しい，などの要求だろうと推定します．

このような時に，設定を変更すれば対応できるなら設定変更できる人材が必要です．設定の変更で済むのかカスタマイズが必要なのかを，現場からの要求に対して判断し，数年たってカスタマイズが必要になった時には費用対効果を評価できる人材も育成する必要があります．

ERPシステムの導入によって調達面で，生産計画に同期させて必要な材料を，必要なタイミングで調達することで，在庫費用を大幅に削減できるケースがあります．

そのような場合，ICTの導入による効果が期待できます．例えば，生産管理システムを導入し，生産計画が簡単に数か月先まで立てられるようになったり，生産計画に合わせた勤務シフト表の精度が上がったため，不要なパート従業員の出勤を抑えることができ，労務費を大幅に抑えることができる，などです．また，数か月先までの勤務シフトが出せるので，計画的に休暇をとれるようになり従業員の評判も良くなった，などのようなケースがあります．

4.6　作業日報を付けるより生産管理システムの導入を考える

最近では生産管理システムがクラウド化され，中小企業でも手の届く価格で提供されています．クラウド化の進行によってクライアントシステムなどでも低価格化が進んでいます．

例えば，勤怠管理はPASMOを使って安価に導入できる仕組みがあります．

230万円程のシステム費用＋導入費用＋カスタマイズ費用で導入できる生産管理システムもあります．

それも実用に耐えられるレベルのものです．上位のシステムのカスタマイズ費用と導入費用を合わせて1500万円かかったとして，モノづくり補助金を使えば，自己負担は500万円あるいは750万円で導入可能になります．

また，作業日報に代わる，製番管理と製番JOBの開始終了の正確な読取りは，労務費以外は高い精度で計測できます．

労務費は勤怠管理システムを使い，その日に携わった作業は職長日報がわかるのであれば，チーム単位の作業量と生産性が判明します．これがわかれば原価もわかり，記録を紐解けば精度の高い作業見積りや原価の把握が容易となります．

原価が把握できなければ，利益をもたらす価格交渉はできないので，システム導入はぜひとも検討して頂きたいと思います．

◆ まとめ ◆

作業日報や生産スケジューリングをシステムで管理する方法があります．JOBの管理を行うのに，作業指示書に記述されているバーコードを読み取って作業を開始，終了時にもバーコードを読取りを徹底することで，一連の作業指示書に関する工程時間を正確に把握することが容易となります．このようなシステムがあれば，生産原価を求める上では，タイムカードは必要ですが日報をつける作業が不要になります．（誰が出勤していたかによって労務費の近似値を出せるため）

4.7 生産計画とシフト制の導入

中小の食品製造業の中には，実質的に生産計画と呼ばれるレベルの計画がなく，非常に短期的な作業配賦で対応していることがあり，そのため，パート従業員を必要以上に確保しているケースがよく見受けられます．中小の食品製造業では，労務費は経費のほとんどを占めますので，この費用を需要や売上に応じて適切に管理できるかどうかが，利益の確保を左右します．

労務費を削減するためには，生産と労働力投入を同期*[1]させることが重要です．これを労務費の変動費化*[2]と呼びます．

生産と労働力投入を同期させるためには，生産計画を作って将来の生産負荷を見込み，生産負荷に応じてシフト表を使って人材を配置していきます．

特に，固定的な労務費運用となっている企業では，シフト表の導入は労務費を変動費化することで作業量に応じて調整できるようになるため，ムダな労務費が排除され労務費の大幅な削減メリットがあります．

生産計画は，少なくとも1週間分程度，できれば数か月先までを作成し，生産計画の示す作業負荷に応じてパート従業員をシフト表に配置していきます．

その結果，必要最低限の労働力投入で，必要なときに，必要なだけ生産することができるようになるため，これまで固定的にパート従業員を使用していた工場であれば，大幅に労務費を削減することができます．

また，生産計画を立てることができるようになると，納期には間に合うようにしながらも，労働力を特定の日に集中させて残りを休暇にしたり，特定の日に負荷が重なり労働力の上限値を超えてしまわないように分散させることが可能になります．参考に表2-4製造日報の集計結果（例），表2-5に生産計画表（例）を示しました．

＊1　“同期”という言葉は，生産作業の負荷に合わせて過不足なく労働力を投入することを示します．

＊2　負荷と労働投入を同期させることは，売上高と労務費が同期することにもなるため，これを変動費化と呼びます．なお，変動費とは売上高の多寡に応じて変動する費用のことです．

◆まとめ◆

生産計画とシフト制の導入は，必要最小限の人員構成で客先が要求する納期に対応できるようになるため，売上高と労務費を同期させることができ，不要な残業も抑えることができるようになります．そのため，これまで労務費の管理を綿密にしていなかった工場では大幅に労務費を削減することができ，納期遅れも防ぐことができるようになります．

また，1カ月前や1週間前からシフトがわかっているほうが，パート従業員にとっても計画が立てやすく，時給が安く厳しい労働環境で労働力を確保しにくい現状があるなか，自由度の高い働きやすい職場を作ることでパート従業員が確保しやすくなります．

表 2-4　製造日報の集計結果（例）

行ラベル	合計 / 製品売上	合計 / 限界利益	合計 / 営業利益	合計 / 固定費	合計 / 人件費	限界利益率	営業利益率	労働分配率
6 月	4,254,527	1,731,693	988,039	507,320	523,661	52%	37.38%	36.6%
取引先 1	826,496	415,921	362,294	72,271	102,524	58%	43.57%	25.4%
取引先 2	2,885,884	2,005,749	1,339,598	478,051	664,991	51%	36.04%	39.4%
商品種類 1	10,812	9,911	7,423	1,346	1,378	68%	53.58%	22.4%
商品種類 2	1,358,183	865,856	521,262	132,445	170,250	56%	41.43%	30.1%
商品種類 3	351,636	156,836	186,151	50,058	37,759	57%	42.66%	26.2%
商品種類 4	3,210	−1,127	−2,781	732	5,369	−33%	−47.28%	−407.3%
商品種類 5	501,786	148,754	161,830	84,647	59,157	48%	32.93%	41.4%
商品種類 6	356,717	99,145	61,292	44,353	58,696	43%	28.31%	53.4%
商品種類 7	551,732	289,792	192,416	60,466	161,386	42%	27.06%	62.5%
商品種類 8	6,530	−2,665	−5,609	1,300	14,814	−40%	−54.25%	−353.1%
商品種類 9	3,804	−1,199	−1,942	409	5,101	−44%	−58.93%	−326.3%
7 月	4,996,859	3,706,820	3,083,711	826,681	1,811,489	52%	37.22%	71.7%
取引先 3	355,081	157,865	97,925	41,894	48,179	56%	41.32%	31.7%
商品種類 10	236,014	128,719	82,630	33,417	43,699	56%	41.32%	31.7%
取引先 4	329,346	76,556	73,962	50,555	106,291	39%	23.95%	104.3%
取引先 5	7,089,765	2,641,747	2,838,915	1,139,977	1,913,314	52%	37.65%	72.5%
総計	8,806,435	6,028,672	4,561,724	1,169,695	3,597,324	52%	37.28%	59.5%

注）取引先毎．商品種類毎に収益性と労働分配率などがわかります．
仮の数字を使っています．
毎月の収益性や売上高が明確にわかり，収益数字やコストの「見える化」ができます．

表 2-5　生産計画表（例）

凡例：－；1日未満の作業，⇒；7時間労働，■；出荷予定日

CD	仕向先	出荷予定日	製品	① 生産性	② 出荷量	③ 計画工数	④ チーム人数	⑤ チーム生産性	⑥ 日数	⑦ 時間	⑧ 日数	2014年5月															
						③=②/①		①×④	int (③/④/8)	③/④－⑥＊8		01	02	03	04	05	06	07	08	09	10	11	12	13	14	15	16
				Kg/人時	Kg	人時	人	Kg/時	日	時間		木	金	土	日	月	火	水	木	金	土	日	月	火	水	木	金
											必要数⇒	0	0	0	18	18	11	0	0	4	7	10	10	1	12	6	4
822	E社	14/05/05	製品5	7.34	500	68	12	88.08	0	5.68	1				－	■											
486	C社	14/05/07	製品1	4.17	1,200	288	12	50.04	2	7.98	3				⇒	⇒	－	■									
682	C社	14/05/07	製品5	7.34	500	68	6	44.04	1	3.35	2					⇒	－	■									
924	D社	14/05/10	製品2	11.54	600	52	12	138.48	0	4.33	1									－	■						
520	E社	14/05/11	製品6	15.00	400	27	4	60.00	0	6.67	1										－	■					
845	A社	14/05/14	製品2	11.54	2,000	173	10	115.40	2	1.33	3											⇒	⇒	－	■		
93	B社	14/05/16	製品5	7.34	1,200	163	12	88.08	1	5.62	2														⇒	－	■
973	C社	14/05/21	製品3	12.00	560	47	4	48.00	1	3.67	2																
913	C社	14/05/22	製品5	7.34	1,400	191	4	29.36	5	7.68	6																⇒
720	E社	14/05/23	製品3	12.00	400	33	4	48.00	1	0.33	2																
535	B社	14/05/26	製品2	11.54	400	35	4	46.16	1	0.67	2																
352	B社	14/05/27	製品6	15.00	200	13	4	60.00	0	3.33	1																

CD	仕向先	出荷予定日	製品	⑦ 時間	⑧ 日数	2014年5月																													
				③/④－⑥＊8		01	02	03	04	05	06	07	08	09	10	11	12	13	14	15	16	17	18	19	20	21	22	23	24	25	26	27	28	29	30
				時間	日	木	金	土	日	月	火	水	木	金	土	日	月	火	水	木	金	土	日	月	火	水	木	金	土	日	月	火	水	木	金
				必要数⇒		0	0	0	18	18	11	0	0	4	7	10	10	1	12	6	4	4	4	8	8	12	0	0	4	1	3	0	0	0	0
958	E社	14/05/05	製品5	5.68	1				－	■																									
170	C社	14/05/07	製品1	7.98	3				⇒	⇒	－	■																							
376	C社	14/05/07	製品5	3.35	2					⇒	－	■																							
240	D社	14/05/10	製品2	4.33	1									－	■																				
779	E社	14/05/11	製品6	6.67	1										－	■																			
590	A社	14/05/14	製品2	1.33	3											⇒	⇒	－	■																
442	B社	14/05/16	製品5	5.62	2														⇒	－	■														
537	C社	14/05/21	製品3	3.67	2																			⇒	－	■									
170	C社	14/05/22	製品5	7.68	6																⇒	⇒	⇒	⇒	⇒	－	■								
364	E社	14/05/23	製品3	0.33	2																					⇒	－	■							
716	B社	14/05/26	製品2	0.67	2																								⇒	－	■				
200	B社	14/05/27	製品6	3.33	1																										－	■			

4.8 【人時】管理の導入の勧め

ここで，特に説明をしておく必要があるのが，【人時】管理の考え方です．先に示した表 2-5 の生産計画表の例では，その生産性を【人時】（にんじ）という単位で表しています．

この【人時】は，ICT システムの開発プロジェクトでは一般的に使われている単位であり，作業のボリュームを，必要な人員数と時間で表したものです．以下の条件を前提として，生産作業を定量化する手法にも利用されます．

① 同じ量の作業は，同じ【人時】で処理できること

② 同じタイプの作業は同じ効率【作業量 / 人時】で作業できること

つまり，【人時】を使うと，作業効率は【作業量 / 人時】で表現できます．作業量は重さ【Kg】，個数【個】など，作業の成果量を示すすべての量が該当します．

作業効率を【作業量 / 人時】で計測しておけば，どのような作業でも，この作業効率をもとに，何人で何時間かかるかを大まかに計算することができるため，誰でも生産計画を立てることができます．Microsoft Excel の数式や，Excel マクロにして誰でも使える生産計画シートなどをつくることもできます．

また，【人時】管理の導入には，以下のような効果があります．

a. 様々な作業の効率の定量化が容易である

b. 特定の製品製造に対する作業効率を計測しておけば，必要時間と人数を簡単に計算できるため，製造現場での生産計画や営業現場での納期回答に活用しやすい

c. 生産効率は費用に換算できるため，改善による生産効率の向上を金額で評価できる

表 2-6 に受注管理表の例を示しましたが，これを例にして作業効率を見てみます．

例えば，ある仕事が 6 人で 3 時間かかるとすれば，この作業は

6【人】× 3【時】＝ 18【人時】かかる作業である

と表現します．

表 2-6 の例を見てみてください．最上段の MOM-242 は生産効率が 100【個 / 人時】と計測された商品です．MOM-242 の作業効率は 100【個 / 人時】とな

表 2–6　受注管理表の例

受付日	受注番号	取引先CD	タスクCD	出荷日	加工区分	原料名	合計数量	生産効率指標値(数量/人時)	必要人時【人時】	チーム編成【人】	必要時間【時間】
5/10	MOM－242	MOM-1	1	6/10	ハンバーグ	神戸牛ミンチ	3,000	100	30.0	5.0	6.0
5/10	MOM－242	MOM-1	2	6/15	から揚げ	若鶏	5,000	300	16.7	3.0	5.6
5/27	SKR－243	SKR-1	1	6/30	ハンバーグ	カモ&豚合挽	2,400	100	24.0	6.0	4.0

注：受注時には納期と必要な量がわかります．
これまでの作業日報などの統計量から，生産効率指標値【数量 / 人時】がわかっている前提です．

りますが，この数字は1人が1時間働くとMOM-242を100【個】作ることができるという意味です．

ライン生産の場合は，1ラインで1時間に生産できる個数と考えて差し支えありません．

ここで，3,000【個】生産する場合，

3,000【個】/100【個 / 人時】＝30【人時】

となり，この作業が30【人時】でできることがわかります．

同じ作業を，4名のチーム編成であれば，何時間でできるのかを計算すると，作業量は30【人時】でこれを4名で行うので，作業量を分担する人数で割ると，以下のように必要作業時間が7.5【時間】であることが計算できます．

30【人時】/4【人】＝7.5【時間】

同じ作業を6時間で処理するには何人必要なのかも，以下の数式で計算できます．

30【人時】/6【時】＝5【人】

以上のように，人時単位でそれぞれ生産性の異なる作業の生産効率を測っておけば，それぞれの作業タイプの生産量に応じて，特定の人数でどの程度の時間がかかるか，ある時間で終わらせるには何人必要かがわかります．

作業毎の生産効率を決めるには,【人時】管理導入前なら生産現場の管理者の経験値で決めます．導入後は，作業日報から得られる計測値を使います．

例えば，“神戸牛のハンバーグ”9,600 個を 12 人体制で，8 時間で生産したという実績があるのであれば，この製品の生産効率は

9,600【個】/12【人】/8【時】= 100【個 / 人時】

と計算できます．

この数値さえ求めておけば，人数の制約か時間の制約かのどちらからでも必要な人数や時間を求めることができるため，納期に応じたパート従業員数を求めたり，生産計画を立てる時に役に立ちます．

以上のように，【人時】管理によって，労務費にかかわる原価を求めることができます．

資材費用や原材料費用などの他の変動原価については，作業日報から得られる標準値を使うなど，別の方法で求めてください．

なお，ここで忘れないでいただきたいのは，固定費です．食品製造業の固定費の中で大きいのは，管理労務費（役員報酬とスタッフ部門の事務員労務費など），および水道光熱費です．固定費を考慮しない原価設定は，赤字の元凶になりますので．必ず固定費を考慮した原価設定をしてください．

◆まとめ◆

- 作業量を【人時】単位で表現すると，生産効率は【量 / 人時】で表現できます．
- 生産効率【量 / 人時】は，実績や計測によって計算します．
- 生産計画量【量】を，生産効率【量 / 人時】で割ると，必要な作業量【人時】が計算できます．
- 作業量【人時】を，1 ラインを編成する最少人数【人】で割ると，このラインで対象となる作業量【人時】を処理できる時間【時】が計算できます．
- 【人時】管理の対象は変動労務費原価です．資材費，材料費は別の方法で積算してください．
- 食料品製造業の原価は，変動費だけではなく，特に固定費の割合が多くなる傾向があります．必ず，固定費を原価に含めてください．

4.9 作業の標準化を行う

これは多くの企業で既に行っていることだと思います．特にカット野菜製造などや，固定的なラインの製造現場では何度も拝見しました．

作業をわかりやすく整理し，作業手順を絵や写真にし，手順番号を入れて作業場所の周辺など，だれでも見ることができる位置に掲示することで，その手順書を観れば誰でも同様に作業できるようにすることです．

4.10 「パレット」載せ替えを削減する

工場内で移動に使うパレットと，冷凍倉庫で保管するためのパレット，出荷用のパレット，すべてが異なるケースをよく見ます．出荷用パレットは外に出るため衛生管理上致し方ないですが，冷凍倉庫保管用と移動用のパレットが異なると，入替が必要なケースも頻繁にみられ，生産性を低下させることになります．

極力，パレットの移し替えを行わないように，設備の刷新や構内パレットの刷新を図ることで生産性を向上させることができます．

なお，構内パレットを統一するための設備投資が大きい場合，パレットの移し替えがあった場合となかった場合の1年間の生産量の差分時間 Δt を計算してください．$\Delta t \times$作業者の時給$\times$ 10（年）が損失額です．あるいは，最低限の改善額です．設備の入替によって，作業効率だけでなく，メンテナンス性の向上，移動速度の向上，電気代の削減も見込むことができますが，

$$\Delta t \times \text{作業者の時給} \times 10\,(\text{年}) + \text{年間削減修繕品} \geq \text{設備投資額}$$

であれば，間違えなく設備投資を行うべきです．

4.11 清掃時間を見える化して短縮

生産に寄与しないあるいは付加価値に寄与しない作業は排除すべし！がムダ取のポリシーです．では，清掃時間はどうでしょうか？

清掃は付加価値を生まないと勘違いしている人がいますが，食品製造業の場

合，衛生管理状態の維持・保持・清潔という価値を生みます．

しかしながら，直接お金を生むわけではないのでできるだけ，効率の良い清掃を心掛けるべきです．

清掃時間を短縮する方法としては，大きく 2 つの方法があります．

1 つは設備投資です．30 Mpa 程度の高温高圧洗浄機を導入して，肉の油でも何でも溶かして落してしまう方法や，清掃性の悪い老朽化した設備を廃棄し，同等以上の新設備を導入する方法です．

もう 1 つは，清掃時間を計測することです．計測したら見える化することです．担当者が曜日によって違ったりするのであればできるだけローテーションを掛けて，複数の担当者が同じ清掃ができるように（ある意味多能工化）し，それぞれの作業効率を見える化します．

多くの場合，自身があまりにも遅いと，他の人に追いつこうとします．

自身の清掃効率が上がれば，清潔度を保ったうえでさらに効率を上げようとします．多くの人の場合，このような行動が見られます．

皆さんは，レコーディングダイエットをご存知ですか，何を食べたかをすべて記録し，体重を記録するだけで，ダイエットできるダイエット法ですが，心理的には，同様です．見えれば気になる，人に負ければ競争したくなる．これが人の本能です．

もちろん，無菌状態を検査する ATP 検査キットなどでの清掃後のチェックは欠かしてはなりません．

4.12　障害者を雇用する

1)　障害者雇用促進法 43 条第 1 項

障害者雇用促進法 43 条第 1 項によると「従業員が一定数以上の規模の事業主は，従業員に占める身体障害者・知的障害者・精神障害者の割合を「法定雇用率」以上にする義務があります」ということです．

つまり，一定以上の規模の事業主とは，令和 3 年 3 月 1 日より法定雇用率が 2.2％から 2.3％に引き上げられるため，43.5 人以上を雇用する企業は，1 人以上を雇用しなければなりません．

この改正によって，障害者の雇用を 1 名追加しなければならない事業者は，87

名～90名，174名～181名，218名～227名，261名～272名，・・・・
などの事業者です．

自社の規模にあわせて，障害者雇用に取り組んでみてください．

2) 障害者雇用のメリット

① 障害者の方の興味能力に合えば，生産性や品質が上がることがある

特に，知的障害の方の場合には，単純作業を非常に得意にする人がいます．また，精神に障害を持つ人の中にも同様に1つのことを続けてできる人がいます．精神障害のある方の中には，例えば，書類のスキャンと特定のフォルダーへの整理が，どんな人よりも効率的に早くできる人もいます．

知的障害・精神障害を持つ人の中には，微妙で微細な差が一瞬で見分けられる人もいます．

ADHD（多動性障害：発達障害の一部）の方の中には，知的障害を伴わない場合も多く，興味が合いさえすれば，健常者よりもずっと生産効率も高く，品質もいいモノを作る場合もあります．例えば，ちょっとした手間や作業で味が変わるような板前のような仕事や，ホームページの作成，Webを使った調査，データの取りまとめやデータを見える化するレポート作成など，シングルタスクで人とのコミュニケーションを必要としないような作業などに向いている場合があります．

障害者雇用は，任せる作業が興味や能力に合ってしまうと健常者より，ずっと品質が良く，生産性が高い作業を行うことがあります．また流れ作業の場合でも，適切な範囲を切出して任せられれば生産性や品質を上げることもあります．

② 障害者雇用のための業務を切り出さなければならない時，業務の見直しや効率化を図るきっかけとなる

障害を持つ人を雇用する場合，その人の能力にあった作業を任せることで生産性を上げることができるケースが増えますが，工場内の作業であれば，工程をどのように切り分けられるか，考えるときに，「第2章3. ムダ取り・作業改善」に記述された手法や観点を使って，見直してください．

工程を切出すことで生産性を上げる方法が出てくると思います．

③　企業の社会的評価の向上

障害者雇用を行うことで，社会的責任を果たしている企業として評価されるようになります．また，障害者雇用は，SDGs の目標「8. 働きがいも経済成長も」とも関係しています．外務省 HP では「8.5　2030 年までに, 若者や障害者を含むすべての男性および女性の，完全かつ生産的な雇用および働きがいのある人間らしい仕事，ならびに同一価値の労働についての同一賃金を達成する」と紹介されています．

3)　障害者雇用を一括りで考えることはできない

障害者といってもその障害は様々です．大きく分けると，身体障害，精神障害，知的障害，発達障害，難病などですが，発達障害は多くの場合，精神障害に分類されることが多いようです．

発達障害は脳の発達の偏りによって，興味や行動の偏り，衝動性，注意欠如，学習障害などがありますが，発達障害の症状は多岐にわたり，個人毎に丹念にその状態や能力を見ながら対応する必要があります．ダスティン・ホフマンとトム・クルーズが主演した映画「レインマン」は，サバン症候群といって，知的障害や，精神障害の代わりに，一部の能力が異常に高いといった症状のあるものです．

レインマンはポーカーで，カードをシャッフルするときにすべてのカードの順番を覚えていて，次にどのカードが出てくるかわかるという特殊能力や，一瞬だけ見た景色を写真のように正確に写実することも出来ました．

身体障害者であっても，義足や義手の性能によって，あるいは，体重や体形によって，連続して勤務できるかどうか，座っての仕事しかできないかどうかが違います．

以上のように，すべての障害者は個々に異なります．そのため，障害者雇用を負担としてとらえるのではなく，生産性を上げたり，味を上げたり，仕事にプラスになるようにするに，きめ細やかな障害者に対する対応が必要です．

こうしたことから障害を持つ人に能力を発揮してもらうためには，「障害者」という括りで複数人をひとまとめに扱ったりせず，個々人とよく話し合い，観察し，記録し，それを担当作業の選択や教育方法，休憩時間の採り方，作業のやり方に反映していく必要があります．

障害者といっても，先にも述べたように知的障害から，精神障害，発達障害，身体障害など様々な障害があり，それぞれのカテゴリーでも一括りにはできない違いがあります．

まずは，障害のことをよく知り，その人とよく話し合い，よく知ることから始めるためにも，相談や，指導を任せる事の出来る担当者を立てるべきです．

その人に合う作業が見つかると，それ以降は相談者担当者を決めておけば，手間はほとんどかからなくなるケースが多いそうです．

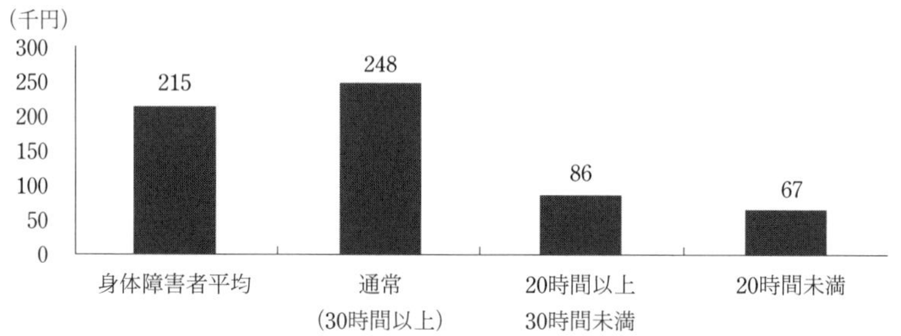

出典）厚生労働省職業安定局地域就労支援室　平成30年度障害者雇用実態調査結果

図2–35　週所定労働時間別平均

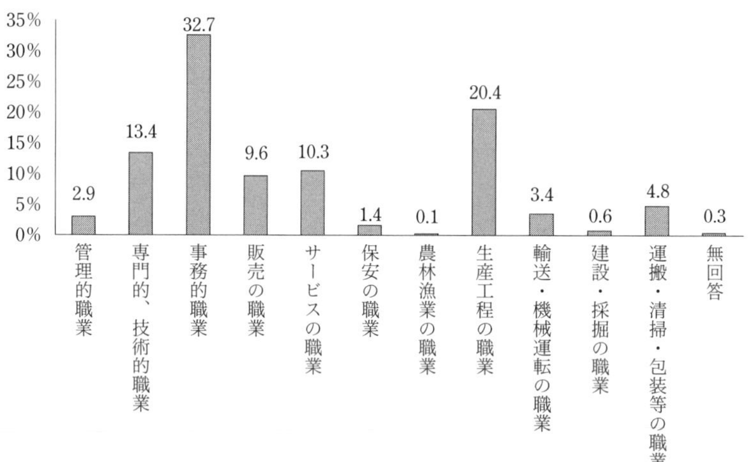

出典）厚生労働省職業安定局地域就労支援室　平成30年度障害者雇用実態調査結果

図2–36　身体障害者の職業

4) 障害者雇用に関する勘違い

障害者は，最低賃金を下回る賃金で雇用できると思っている方が多いようですが，それは間違いです．すべての雇用者は地域別最低賃金か特定（産業別）最低賃金の何れか高い方の最低賃金を最低でも支払わなければなりません．

障害者の年収が低い（図 2-35）のは，勤務時間が短いケースや，単純労働が多いため，低い報酬で働いているケースが多いからだと思われます．

図 2-36 には，障害者が従事する職業の調査結果を示します．

4.13 全員参加の好調保全

1) 設備保全の進化

設備保全とは，設備が劣化して，故障・停止・有害な性能低下をもたらす状態を回避し，調整する活動です．設備は，生産の 4 要素（人・設備・材料・方法）の一つで，ものづくりの中心的位置を占める存在ですが，どんなに進歩した設備でも，人との関わり合いはなくなることはありません．

設備保全は，以前は，設備が故障してから行う①事後保全が主流でした．当然ながら，緊急・迅速が基本になります．その後，②計画保全（一定周期ごとに定期点検・修理），③予防保全（劣化の予測と部品交換），④改良保全（故障が発生しないように設備自体を改良），⑤保全予防（故障・保全の対策を念頭に設備設計・製作）などの方法も次々と生まれ，⑥生産保全へと進化しました．

生産保全は，費用・効果の最適対応で保全の狙いを達成し，トータルコストを最小限にすることです．⑦好調保全（注：一般的な設備保全用語ではありません）とは，全員参加による生産保全であり，TPM（Total Productive Maintenance）とも呼ばれています．3M（ムリ，ムダ，ムラ）に起因する生産プロセスロス，メンテナンスロスを限りなくゼロすることを目指します．

図 2-37 に，設備保全の進化の概念図を示します．各種設備保全は進化によって消えた訳ではなく，状況に応じて活用され，並立して存在しています．

2) 好調保全の狙い

設備の不具合，不調を放置しておくと，それが原因となって人が怪我をするといった労働災害に繋がる恐れもあります．企業が従業員の生命と安全を守る

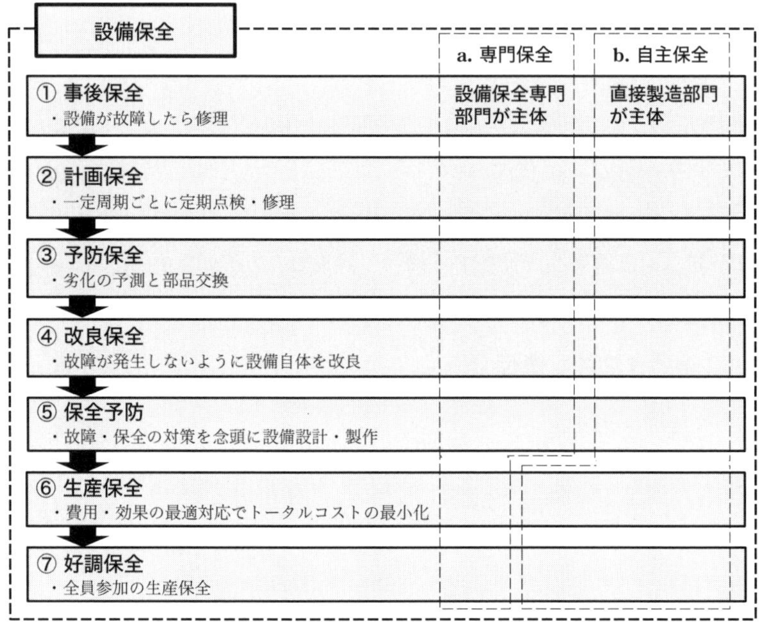

図 2–37 設備保全の進化の概念図

べきことはいうまでもありませんが，労働災害発生による経済的損失，機会損失は計りしれません．

食品製造においては水気が多く，メンテナンスを怠ると機械設備や治具が短命化しやすい環境にあります．故障しやすくなるだけでなく，洗浄や殺菌を怠るとすぐに汚染事故などの発生につながります．

製造工程において重要な機械の故障・停止は，生産計画に支障をきたすだけでなく，その復旧に長時間を要した場合，お客様への製品の納期遅れを生じさせる恐れもあります．場合によっては，以後の失注につながり売上の減少ということもなりかねません．

また，治具や設備は決して安いものではありません．できるだけ保全を徹底して延命化することで費用を削減することにもつながります．

好調保全の狙いは以下の3つのポイントを確保することであり，そのことによって安定生産が可能となり，トータルコストの低減が実現できます．

① 安全の確保（安全な作業環境，安全な作業方法など）

② 品質不良の防止（不良品の発生･流出防止，廃棄ロス，汚染事故などの防止）

③ 機会損失の防止（生産停止ロスの防止など）

3) 自主保全のすすめ

設備保全は専門家がやるものと思っている経営者や従業員があまりにも多いです．「私使う人，あなた直す人」から脱却させる意識改革が必要です．

設備保全活動は,保全を専門とする部門が実施する専門保全と,直接生産（運転）を担当する部門が実施する自主保全とに分かれます．専門保全は比較的規模が大きく，ライン停止後，休日，長期連休に実施される場合が多いです．一方，自主保全は始業前，就業後の限られた時間内，あるいは定期的に短時間で，自主保全時間を確保して行う小規模なもので，清掃・点検・給油・改良などを主体とすることが多いですが，時間と費用をあまり掛けずに，より有効な保全活動ができます．

好調保全では，特に自主保全を重視します．常に製造現場を見ているのは直接生産部門の作業者であり，設備の異常を即座に感知し迅速に対応することで，被害を最小限にすることができるからです．また，種々の改善活動も，生産現場を毎日見ている作業者が持つ問題意識や多くの改善のアイデアを抽出したほうがより良い実践的な改善が可能になります．

自主保全は，設備を操作する作業者（オペレーター）が「自分の設備は自分で守る」という意識のもと，自ら能力を身に付ける活動です．設備に強いオペレーターになるには4つの能力が必要です．

① 異常発見能力：異常を異常として発見できること

② 処理回復能力：異常に対して正しい処置ができること

③ 条件設定能力：正常か異常かの判断基準を定量的に決められること

④ 維持管理能力：条件をきちんと維持管理できること

個別改善を行った後，その成果を維持できない原因に，一度成果が出ると，それが続くと考えて放置してしまい，結局改善前に戻ってしまうこともあります．自主保全活動の「維持」の大切さを認識させることも大切です．

以上の能力を身に付けさせるために，OJTや教育・訓練が必要になります．

自主保全活動の進め方には，以下の2つのポイントがあります．

① 設備のあるべき姿を追求する.

② ステップ展開する.

たとえば，TPM 自主保全では，準備（目的の理解，安全教育）＋7つのステップ展開で進めます．各ステップの活動内容を，表2-7に示します．

一度に多くのことをやろうとしても出来ないので，まず1つのことを徹底的にやり，あるレベルに達した時点で次のステップに移ります．

好調保全では，特に全員参加の自主活動を重視します．その自主保全をいかに活性化させるかが重要になります．

全員参加の自主活動を推進するには，5S 活動（5S＝4S＋躾），小集団活動などがそのベースとなります．5S 活動のうち，特に「清掃」は自主保全の中の日常点検の部分を担うので大切です．「清掃」の役割は，拭くことで点検し，汚

表2-7 TPM 自主保全の7ステップ

ステップ	名　称	活動内容（例）
第1	初期清掃 （清掃点検）	○清掃することで不具合を発見し，不具合箇所にラベル貼付 ・設備本体を中心とするゴミ・ヨゴレの一斉排除と給油，増締め ・設備の不具合発見と復元
第2	発生源・ 困難箇所対策	○第1ステップでラベルを貼った不具合箇所の対策を実施 ・ゴミ・ヨゴレの発生源の対策，飛散防止策 ・清掃・給油・増締め・点検の困難箇所の改善による清掃・点検時間の短縮
第3	自主保全仮基準の作成	○短時間でできる清掃・給油・点検箇所・実施周期・担当者などの仮基準の作成 （日常，定期に使用できる時間枠を示してやる）
第4	総点検	○総点検の実施により，設備管理の知識と技能を認識し，不足部分を補填 ・点検マニュアルによる点検技能教育 ・設備微欠陥摘出と復元
第5	自主点検	○仮基準を本基準にして，オペレーターが点検を実施 ・能率よく確実に維持できる点検基準，自主点検チェックシートの作成・実施
第6	標準化	○ルールを決め，守られている度合を評価 ・各種の現場管理項目の標準化，維持管理の完全システム化 （現場データ記録の標準化，型治工具管理基準など）
第7	自主管理の徹底	○継続的に日常管理を徹底 ・改善定常化によるムダ排除・コストダウンの推進 ・保全記録の確実実施と解析による設備改善の推進

れ具合で不具合発生を予測できることです．小集団活動は，現場の作業者が主導で自主保全の改善活動として実行できれば，モチベーションも上がり，長く良い状態を維持し活動を継続することもできます．5S 活動，小集団活動などを仕組みとして整備し活性化させることが工場管理者の重要な役割であり，自主保全を根付かせることになります．

4) 専門保全のあるべき姿

製造設備が制御装置などの高度化により，オペレーター主体の自主保全では手に負えないケースも多数発生しますので，専門保全の役割も重要になります．専門保全もメーカーや外部のメンテナンス業者に依存することなく，内製化を極力目指します．外部に依存すると，設備停止の復旧に長時間を要したり，設備が不調のまま稼働（しのぎ運転）させて品質不良や労働災害を出したりする恐れがあります．そうならないためにも，専門保全の担当者の育成が必要です．また，専門保全の役割として，設備の ABC 管理（項目をグループ分けして優先順位を決める），設備情報の収集記録，稼動状況の記録の整備など，設備管理の仕組を構築し実践していくことも重要です．

5) 食品製造業の設備保全

食品製造業に要求される設備保全の特徴として表 2-8 のようなものがあり，

表 2-8 食品製造業に要求される設備保全の特徴

設備保全の特徴	ポイント
1) 異物混入の防止	・ガラス，金属，石，タイル，プラスチックなどの異物がたくさんあることを認識し混入防止 ・生産設備は，毎日，部品がなくなっていないかの確認
2) 食中毒の防止	・分解，洗浄，殺菌して使用できる設備が必要
3) 化学薬品の混入防止	・専用ボトルを使用し，専用保管庫による管理
4) ペストコントロール	・原料入荷工程の管理 ・設備の隙間の管理 ・排水管などから工場への侵入防止
5) 働く人の安全の確保	・MSDS（Material Safety Data Sheet）で，すべての薬剤・洗剤で押さえておく ・事故に備えた設備対応

しっかりと押さえておく必要があります．いずれの管理項目も好調保全の肝である「全員参加の自主保全」が欠かせません．

6)　これからの設備保全

最後に，① IoT（Internet of Things：モノのインターネット化）や AI（Artifical Intelligence：人工知能）を使った技術革新，②国際規格化を，設備保全へ取り入れる動きも出てきており，常にこのような最新の技術や動向も注視しながら，より効率化を求めて改善を進める姿勢が望ましいです．

◆まとめ◆

好調保全とは全員参加の生産保全であり，①安全の確保，②品質不良の防止，③機会損失の防止を狙いとし，安定生産とトータルコストの低減を実現します．

設備保全は自主保全と専門保全で構成されますが，好調保全では，特に，自主保全を重視します．

1）自主保全では，設備に強いオペレーターの育成が重要です．

2）専門保全でも，担当者の教育訓練が大切であり，設備管理の仕組みの構築と実践を推進し，極力，外部に頼らない内製化を目指します．

好調保全は，全員参加の自主活動を重視しますが，その推進には，5S 活動（5S ＝ 4S ＋躾），小集団活動などの仕組み作りと活性化が大切です．

食品製造業の設備保全で押さえておくべきポイントは，①異物混入防止，②食中毒防止，③化学薬品混入防止，④ペストコントロール，⑤働く人の安全確保です．

今後の設備保全には IoT，AI などの最新技術や国際基準を適用していくことも求められます．

第3章　損益分岐点の視点で見た生産性向上

1.　経営全体を俯瞰―損益分岐点分析の勧め

生産性向上にかかわる現場改善の各論については，第2章で多数述べてきました．しかし，何から手をつければよいのでしょう．優先順位をつけて実行することが必要になります．そのためには，まずは経営全体を数字で眺めてみることをお勧めします．第1章3.2でも少し経営状態の共有について触れましたが，経営者および上級管理職（製造部長，工場長など）は「損益分岐点分析」を一度は実行してみましょう．

すべての会社では，毎期決算書を作成していると思いますが，期毎で赤字，黒字だけを見て一喜一憂していても仕方がありません．どうすれば，赤字を黒字化できるのか，黒字であれば，さらに黒字幅を増やす方法を，「合理的に」検討することが大切です．「合理的に」とは，最適な優先順位に従って改善策を実行するということです．特に中小企業では経営資源が限られているので，無駄な投資はできません．経営者らが，経理は経理担当者にお任せ，会計事務所に丸投げではなく，改善の優先順位に対する経営的な「肌感覚」を身に付けたいものです．

まずは，「損益分岐点分析」について，以下に簡単に解説します．

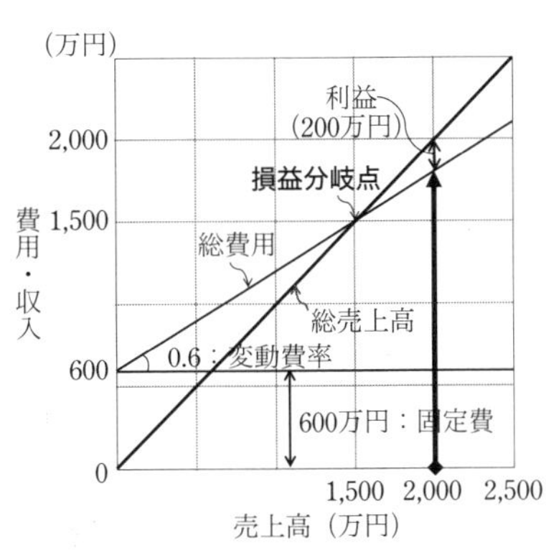

図3-1　損益分岐点分析例（1）

売上高（量）を横軸に，費用・収益を縦軸にとった図に，総売上高（収入）と総費用（＝固定費＋変動費）の直線を書き入れたとき，総売上高と総費用との交点を損益分岐点と呼び，「売上高－変動費」を貢献利益と呼びます．損益分岐点がどこか，ある利益額を得るためにはどれだけ操業度を上昇させる必要があるかなどを分析することを「損益分岐点分析」といい，利益管理の基本的手法です．

図3-1では，損益分岐点分析の一例を示します．固定費600万円，変動費率0.6，損益分岐点1,500万円の場合，売上高2,000万円で，200万円の利益が出ます．

この例の数字を少し動かしてみて利益の出る仕組みの理解を深めてみましょう．図3-1の利益200万円の倍増の400万円にする方法を考えてみます．

1)　売上高を上げる

売上高を上げる方法を図3-2に示します．400万円の利益を出すには，売上高を500万円増加させ，2,000→2,500万円にする必要があります．利益を上げる方法としては，売上高増加が最も効率が良いです．

しかし売上高増加は，自助努力だけではどうにもならないこともあり，結局は，お客様次第であり，市場が限られている場合は価格競争に陥る恐れもあります．

2)　固定費を下げる

固定費を下げる方法を図3-3に示します．400万円の利益を出すには，固定費を200万円下げ，600→400万円（33％削減）にする必要があります．固定費

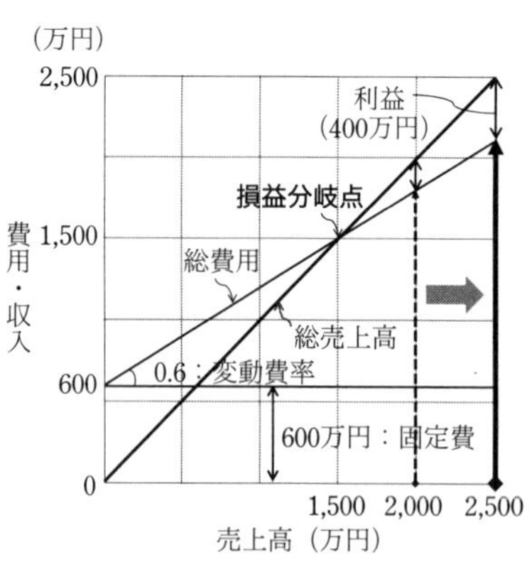

図3-2　損益分岐点分析例（2）
（売上高を上げる方法）

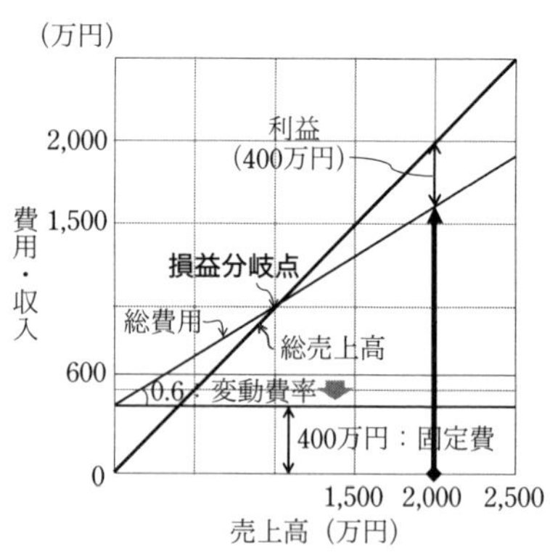

図3-3　損益分岐点分析例（3）
（固定費を下げる方法）

を3分の2にすることは，大変なことかもしれませんが，固定費の削減は，その削減代がそのまま利益の向上代になります．

3) 変動費率を下げる

変動費率を下げる方法を図3-4に示します．400万円の利益を出すには，変動費率を0.1%下げ，0.6→0.5%（17%削減）にする必要があります．変動費率を17%削減することは，かなり難易度が高いかもしれませんが，変動費の削減は貢献利益を増やすことになるので，売上が上がれば上がるほど，収益向上の効果は大きくなります．

4) 固定費と変動費，それぞれを下げる

固定費だけの削減，あるいは変動費だけの削減というのでは難しい場合は，両方とも少しずつ改善します．固定費と変動費率の両方を下げる方法を図3-5に示します．400万円の利益を出すには，たとえば，固定費を100万円下げて600→500万円（17%）とし，変動費率を0.05%下げ，0.6→0.55%（8%削減）にする必要があります．

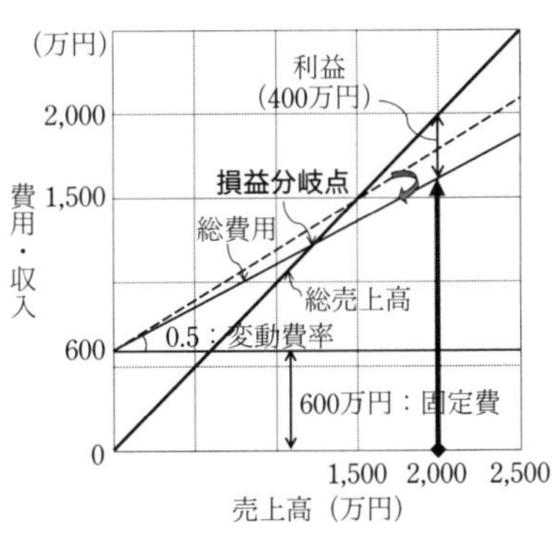

図3-4　損益分岐点分析例（4）
（変動費率を下げる方法）

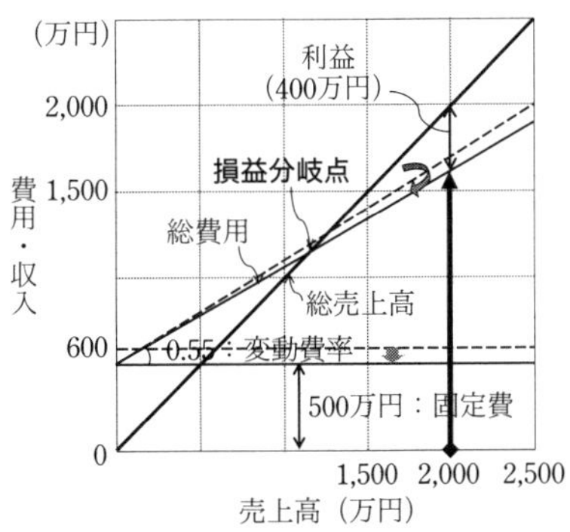

図3-5　損益分岐点分析例（5）
（固定費，変動費率両方を下げる）

上記の事例に，自社の具体的な数字を当てはめると，改善の難易度も含めて理解できますので，具体的な改善の方向性とその優先順位が見えてきます．

◆ まとめ ◆

生産性向上は製造業にとって最も重要な経営課題ですが，そういった課題に着手する前に，是非一度，経営全体を数字で眺めてみましょう．

自社の損益分岐点分析をすると，自社の経営全体を俯瞰できます．経営の改善の難易度も含めて理解できますので，具体的な改善の方向性とその優先順位が見えてきますし，経営的な「肌感覚」も身に付きます．

2.　収益向上の方法

前項で述べたように，収益向上の方法は，(1) 売上高を上げる，(2) 固定費を下げる，または変動費化する，(3) 変動費を下げる，の3つのみです．

(1) 売上高を上げる

販売見込み量と生産能力の大小によって，取り組み方が異なります．

① 販売見込み量＜生産能力の場合は，生産能力までの販売促進が最優先課題

② 販売見込み量≧生産能力の場合は，生産能力向上が最優先課題

(2) 固定費を下げる，または変動費化する

まずは，販売管理費などの間接費を下げることです．削減した分がそのまま利益になりますので，今まで手をつけていなければ利益は大きいです．

直接費の削減の方向性としては以下の2つがあります．

① 生産に寄与しない費用をカットする（不要な設備などを止める）

② 変動費化する（生産時のみに費用を使う）

(3) 変動費を下げる

生産量に比例する直接費の削減です．まさに生産性向上の効果が最も期待できるところでもあります．改善の方向性は以下の2つです．

① 生産性を向上させる（1製品単位の生産時間を短縮する）

② エネルギー効率の良い生産設備を導入する

以上より，図3-6に，経営改善の視点から収益向上策を整理しました．さらに，「生産性向上」，「省エネ」との関係も示しています．

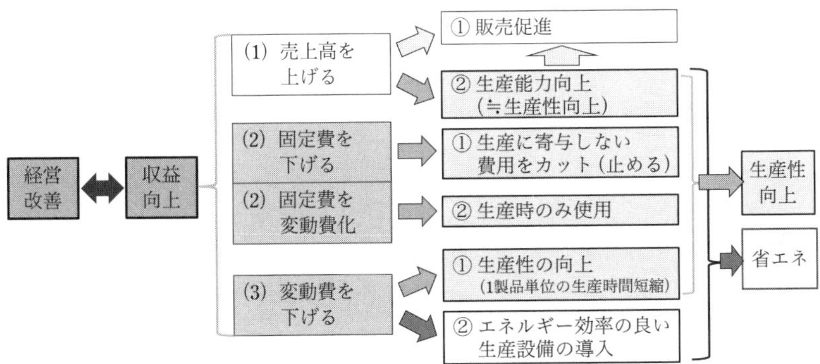

図 3-6 経営全体の改善視点からの収益向上策

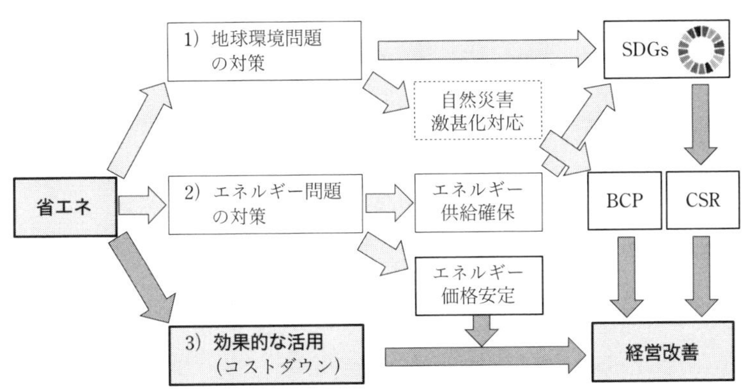

図 3-7 省エネと経営改善のつながり

参考に，図 3-7 には，「省エネ」と「経営改善」の関係を図式化しました．収益以外の経営改善と BCP, CSR などとの関係も俯瞰できます．「着眼大局･着手小局」という教えがあります．まずは，経営全体を高所から眺めましょう．次に，課題を抽出し優先順位をつけ，一つひとつの具体的な課題に着手しましょう．

◆ まとめ ◆

収益向上の方法は，(1) 売上高を上げる，(2) 固定費を下げる，または変動費化する，(3) 変動費を下げるの3つのみです．

生産性向上も，経営全体を俯瞰しながら，課題を抽出し，優先順位をつけて，具体的な改善を実行しましょう．

3. 部分最適から全体最適へ—その課題と対応策

部分最適ではなく，全体最適を目指すことはいうまでもないことですが，全体最適であるための，課題と対応策について述べます．

1) 費用対効果

「過ぎたるはなお及ばざるが如し」という諺がありますが，実際の現場改善でもときどき見受けられます．すでに改善効果が上限あるいは上限に近い所に達しているにもかかわらず，さらに「改善」しようとすることです．当然，効果はほとんどありませんが，その「改善」に費やした時間，お金，労力は無駄なので，無害ではなく，むしろ有害です．いかなる場合でも，「改善」策に着手する前に費用対効果を検証する必要があります．使用される費用は経営資源の一部であり，限られた経営資源を有効に使うことは全体最適を目指す方策の1つです．

2) ボトルネック

1つの生産工程の生産性を一生懸命に改善しても，工場全体の生産性向上に寄与しないという事例があります．改善した工程がボトルネックでない場合です．改善した生産工程だけでは，生産性向上の効果が見られるので，成果があったと勘違いする恐れがあります．これも無駄であり有害でしかありません．これについては，第1章2.5でも触れました．

工場の生産性向上のためには，各生産工程の能率を上げることは必要なことですが，優先順位があります．

各生産工程の生産性を改善する前に，各生産工程のライン編成効率を検討する必要があります．ライン編成効率とは，サイクルタイムに対して各工程の作業時間が均等かを見る指標です．ライン編成効率 LB（ラインバランシング）は以下の式で定義します．

$$LB = \frac{N\,min}{N} = \frac{T}{N \times C}$$

T：製品 1 単位の総作業時間
N：作業工程数
C：サイクルタイム

LB の数字が 1 に近いほど効率の良いライン編成ということになります．

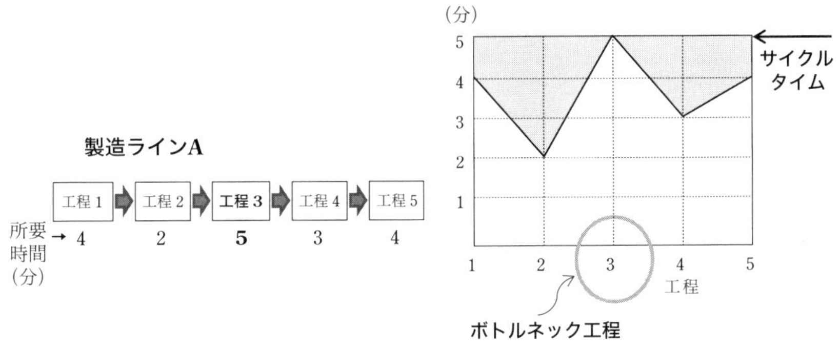

図 3–8　製造ライン A（例）　　図 3–9　ピッチダイアグラム例

たとえば，図 3–8 のように，5 工程で構成される製造ライン A において，各工程の作業時間が，工程 1：4 分，工程 2：2 分，工程 3：5 分，工程 4：3 分，工程 5：4 分の場合，

サイクルタイムが 5 分，総作業時間 T = 4 + 2 + 5 + 3 + 4 = 18 分，

ライン編成効率 LB = 18 分／（5 工程× 5 分）= 0.72

となります．

ピッチダイアグラムは，図 3–9 のようになります．

図からもわかるようにボトルネックは工程 3 になります．

LB の改善の方向性には以下の 2 つがあります．

(1) ボトルネック工程の改善

(2) 工程間の能力差の最小化

改善のポイントは以下の6つです．

① 作業の改善，機械化：作業時間，バラツキの大きい工程を対象に改善（治工具の改善，機械化などで作業時間を短縮）
② 作業の並列化：作業者を増やす，機械台数を増やし並列作業
③ 作業の分割・合併：各工程の作業時間を均一になるように，作業を合併・分割
④ 作業者の適材配置・応援：
・作業の難易度・量を勘案して作業者を適材配置
・過負荷工程に応援できるように「多能工化」
⑤ 中間ストックの利用：工程間の作業時間の変動に対応するため，中間ストック（バッファー）を置き，調整
⑥ 作業域の拡張：コンベア作業の移動作業で，作業時間のかかる工程では作業域（フロート）のゆとりを大きく取る

3) クリティカルパス

図3-8の場合では，1工程が終わったら次の工程というように，製品の流れが1本でシンプルですが，もう少し複雑な場合もあります．

たとえば，朝一番から，材料A，B，Cを，それぞれの加工を開始し，AとBは，混ぜ合わせて加工し材料Dとし，CはDと混ぜ合わせて加工し材料Eとする場合です．加工のプロセスを図3-10のように，工程1，2，3，4，5として，それぞれの所要時間を4，5，8，4，6分とします．図3-11にアローダイアグラムで表記すると，最も時間が掛かるのは，工程2→工程4→工程5で，合計15分掛かることがわかります．このプロセスの時間を短縮しない限り，全体工程の短縮はできません．ひとつの作業工程内の作業が遅れると，全体が遅れてしまう作業経路のことをクリティカルパスと呼びます．

現時点で，工程1，3を短縮することはムダです．これは部分最適の典型であり，全体最適になりません．

仮に，工程2＋工程4の合計所要時間9分を短縮して8分未満となった場合，クリティカルパスは工程3→工程5に変わります．そのときは，工程3も短縮する価値が出てきます．

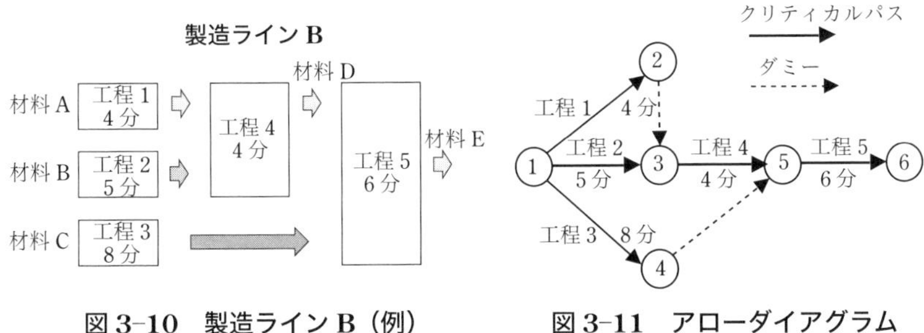

図 3-10 製造ライン B（例）　　**図 3-11 アローダイアグラム**

4) 線形計画法

たとえば，商品 A，B の２種類の食品を作る工場で，同じ原料，同じ労働者，同じ設備を使って製造している場合で，どちらをどれだけ作るのが得なのかという問題があります．前提条件としては，商品 A，B ともに作れば作っただけ売れるというのがありますが，利用可能な資源である，原料の量，労働力，設備能力の制約条件の中で，最も多くの利益を得るには，商品 A，B それぞれの生産計画をどうするべきかということです．線形計画法を用いて解決します．

線形計画法とは，生産計画，輸送計画などを最適にするのに用いる数学的方法の１つです．

では，具体的な数字で見てましょう．

≪商品 A, B の制約条件≫

(1) 生産１単位（個）あたりに必要な資源（量）

原　料：A は 30 g，B は 100 g

労働力：A は 0.04 人・時，B は 0.06 人・時

設　備：A は 0.06 台・時，B は 0.05 台・時

(2) 利用可能な資源（量）

原　料：440 kg

労働力：300 人・時

設　備：350 台・時

(3) 製品１単位（個）あたりの収益

A：300 円，B：800 円

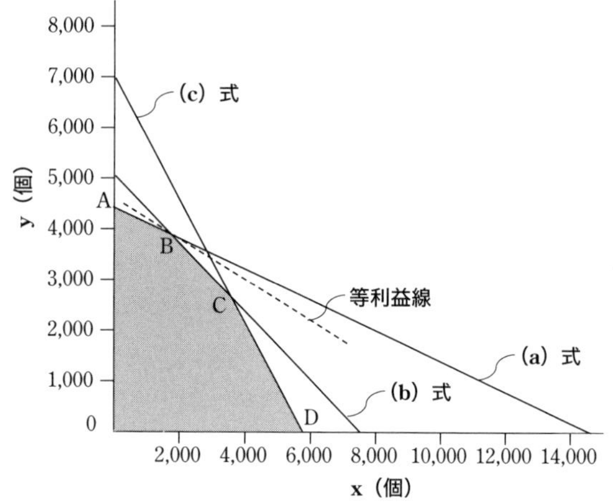

図 3–12　線形計画法の例

最適な生産計画の立案のため，商品 A，B の生産量（個）をそれぞれ，x，y として，目的関数＝総利益（円）：Z ＝ 300x ＋ 800y を最大化します．

原料制約（g）：　30x ＋ 100y ≦ 440,000 ……（a）式

労働力制約（人・時）：0.04x ＋ 0.06y ≦ 300 ……（b）式

設備制約（台・時）：0.06x ＋ 0.05y ≦ 350 ……（c）式

非負条件（個）：　x ≧ 0，y ≧ 0

計算の詳細は割愛しますが，図 3–12 における B 点で利益が最大となります．すなわち，x ＝ 1,639 個，y ＝ 3,908 個が総利益最大の生産計画になります．

5)　トレードオフの課題

ある部分を改善すると，他の部分へ悪影響が出る場合があります．このような関係をトレードオフと呼びます．そのような場合は，まず，改善効果と悪影響とを同じ基準で定量化（たとえば金額化）して，その改善を行うべきかどうかの判断をします．同じ基準で評価できない場合は，効果と悪影響の優先順位を検討し判断します．たとえば，前出の線形計画法の事例の商品 A，B の関係もトレードオフです．能率を上げることで品質不良が増える例もトレードオフの関係ですが，単純にコスト比較だけでは決まらない場合は，品質優先ということも考えられます．

◆ まとめ ◆

経営資源には限りがあります．改善は費用対効果を検討して実行します．

ボトルネック，クリティカルパスの問題では，ある部分だけを改善されても全体が改善されない場合の最適化を目指します．

また一部の商品の利益だけを追求しても，全体の収益改善にならないケースの解決法として線形計画法があります．

トレードオフの課題は，判断基準の統一，または効果の優先順位によって判断します．

どんな場合も局所に捉われず全体での利益を追求するという姿勢，すなわち，部分最適でなく，全体最適という視点を常にもって改善を進めることが肝要です．

4. 生産性向上の効果

製造業にとって，生産性向上は最大の利益向上策であり経営課題になります．生産性向上の方法には2つあります．1）ムダ取り，2）高能率設備の導入です．1）ムダ取りについては第2章3. で詳細を述べましたが，現場改善の最も重要なテーマです．2) 高能率設備の導入は費用対効果，すなわち投資効果が最初の検討課題になります．

5. 生産性向上以外の利益向上策

製造業における利益向上策は生産性向上が大きいですが，生産性向上を伴わないでも利益を向上させるものがあります．以下の２つの視点で見てみましょう．

1) 販売管理費の削減

2. (2) で取り上げましたが, 固定費の削減です．販売管理費は概ね固定費です．それぞれの費目について削減できないかを検討します．固定費の削減は，削減額がそのまま利益の向上額になります．

2) 省エネ推進

省エネがコストダウンになることはいうまでもないことです．図3-6でも示したように，生産性向上によって多くの省エネが達成できますが，生産性向上を伴わない省エネというものも沢山あります．

図3-13のように，省エネの手法には，(1) 運用改善，(2) 小規模改修，(3) 大規模改修があります．(1) 運用改善は，あまりお金を掛けないで，現状の設備をうまく使うことで省エネを達成します．運用改善のうち，a. 作業効率化などによる稼働時間の短縮，のみが生産性向上にかかわるものですが，他はほとんど生産性向上を伴なわないもので，洩れのロス削減や，熱回収，温度設定の最適化などで，省エネを達成します．

(2) 小規模改修および (3) 大規模改修は，設備投資であり，省エネ型設備の導入です．生産性向上には寄与しなくても，電力，ガス，水といったエネルギーの節約をする「エネルギー効率の良い設備」のことです．これは導入するだけで，稼働中は常時，一定のコストダウンをしてくれるので，極めて有効です．投資効果を勘案の上，導入を検討します．

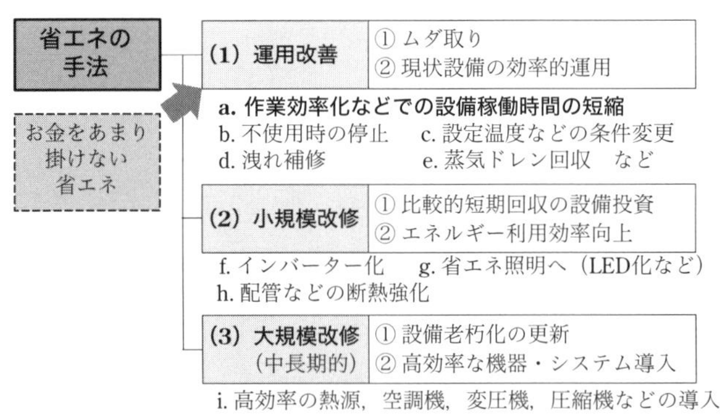

図3-13　省エネの手法

◆ まとめ ◆

生産性向上を伴わない収益改善には，(1) 販売管理費の削減と（2）省エネ推進の2つがあります．

(1) 販売管理費の削減は，固定費の削減であり，削減額がそのまま利益の向上額になります．

(2) 省エネ推進には，1) 運用改善，2) 小規模改修，3) 大規模改修があります．

1) 運用改善では，洩れのロス削減や，熱回収，温度設定の最適化などで，省エネを達成します．

2) 小規模改修，3) 大規模改修は設備投資であり，省エネ型設備の導入です．投資効果を勘案の上，導入を検討します．

6. 改善事例

1) A社の場合

まずは，原価意識を現場に浸透させる全社的な意識改革を実施すると同時に，経営改善計画を策定し，経営指標の目標を1人あたりの付加価値額：500～700万円，付加価値率：30～40%，労働分配率：50%，営業利益率：10%などと設定しました．次に，課題を抽出し優先順位を決め，全社一丸の取り組みにより赤字体質から脱却し黒字化に成功しました．

具体的には，梱包機がボトルネック工程になっていることに着目し，集中的に改善しました．徹底した廃棄ロス削減などによる歩留改善と併せて，大幅なコストダウンを図りました．

また，品種別原価分析をしっかり行い，不採算品種の整理をして，売上至上主義から利益追求型の経営への変革を行いました．同時に親会社との機能分担の整理による人員の有効活用も実施しました．結果として，調達先の見直しで資材コスト（段ボールなど）も削減できました．

2) B 惣菜製造会社の場合

この企業は赤字が継続していて，工場長が中心にいろいろ改善をしてきましたが，どうしても黒字化にならない会社でした．

そこで，社長をリーダーとして「絶対黒字化プロジェクト」を立ち上げました．今までは，現場作業中心に見ていましたが，実際作業時間に基づいた製造原価を品種別に見える化しました．すると，半分以上の品種で採算が取れていませんでした．取り組むべき課題を，(1) 品種別に販売価格の交渉および撤退，(2) 仕入価格の改めての交渉（インターネット価格との比較など），(3) 現場改善の抜本的な実行（セル生産方式の導入など）と明確にし，優先順位を決めました．品種の見直しという課題に取り組んだ結果，売上変動や品種構成によらず，常に黒字を達成できるようになりました．

具体的には，以下の順に各課題を実行しました．

① 原料コスト管理（重点管理原料の選定，購買方法・在庫管理の見直し）
② 労務費管理（日程計画・パート従業員シフトの見直し）
③ 利益率，原価率の見える化
④ 生産性向上（ボトルネックの把握と改善，ムリ・ムダ・ムラの排除）
⑤ 倉庫運用・物流見直し（冷凍冷蔵庫運用・物流コスト見直し）
⑦ 上記項目の継続的モニタリングと見直し

社長が率先して経営的視点で取り組んだこと，見える化のためにかじをきったことが，効を奏しました．

◆ まとめ ◆

上記2つの事例では，経営全体の俯瞰，課題の整理，優先順位の決定，優先順位に従った課題実行，PDCAサイクルの運用といった基本的な手順に従って課題を推進した結果，収益改善という成功へ導くことができました．

効率的に収益を改善するには，「全体」から「部分」を見て，「部分最適」ではなく「全体最適」を目指すという考え方が重要です．

第4章　食品工場の自動化

現在，日本には25,000を超える食品工場が存在していますが，その多くの工場では，手作業によるモノづくりが行われています．当然，手作業でないと出来ない工程も存在するし，手作りを売りにするために，あえて手作業にこだわる工場も多くあるのは事実です．

しかし，近年の食品加工技術は驚くような速度で発達し続けています．とりわけ，第4次産業革命ともいわれるIoT（Internet of Things：モノがインターネット経由で通信すること），ビックデータ（big data：データの収集，取捨選択，管理および処理に関して，一般的なソフトウェアの能力を超えたサイズのデータ集合）やAI（Artificial Intelligence：人工知能）など，革新的技術により画期的な技術やアイデアが開発され，様々な機械装置やシステムが世に出てきています．それに伴い，食品製造における自動化も大幅に進展してきております．

もし，これを読んで頂いている食品製造業の皆さんの中で，自動化のイメージを念頭に自社の工程改善を図りたいとお考えであれば，是非この章に目を通して頂きたいと思います．

1．今，食品工場では

食品製造業と一言でいっても，実に多種多様な製品があります．農産物・畜産・水産食料品から始まり，パン，菓子などの最終製品がそのまま人の口に入るもの，醤油，味噌，砂糖，塩などの料理に使う調味料，清涼飲料，お茶，コーヒーなどの飲み物，食品製造業向けに出荷される食品添加物など，その範囲は非常に広い業界といえます．

売り先についても，一般消費者が直接購入するもの，飲食店が購入するものなどを含めると，包装も実に多種多様な形態が存在します．

食品製造業にとっての自動化とは，このような多種多様な商品や包装形態，または出荷形態に対応していく必要があり，一筋縄ではいかないものです．

1.1　機械化と自動化の違い

これまで，多くの工場に訪問し，経営者や現場担当者と会ってきました．その中で，食品工場の自動化が間違った方向に向かってしまっていて違和感を覚えることがあります．本来，自動化の目的は，省力化・省人化など，コストを削減し，生産性を向上させて収益性を向上させることです．しかし，実際は必ずしもそのような結果に繋がらないことが起こっています．なぜ，そのようなことが起こってしまうのでしょう．それは,「自動化とは，機械化すること」であると，勘違いをされている経営者が非常に多いということです．

機械化とは,「生産性や作業能率を高めるため，人力に替えて機械を使用すること.」（引用：デジタル大辞泉）とされており，端的には「機械を用いて加工すること」です．一方，自動化とは,「人手によらず，機械やコンピューターによる処理方式に変えること」（引用：デジタル大辞泉）と定義され，「工程の機械を動かすために必要な付帯作業を人手に頼らないようにすること」とも言い換えることができます．

つまり，自動化の中に機械化の一部が含まれていますが，自動化とはいえない機械化も多くあり，機械さえ導入すれば省人化できて，生産性が向上し，工場の収益性も向上していくと単純に考えられているケースが多く見かけられるのです．

例えば機械化の例として,これまで人が包丁を持ち「人参を切る」工程があったとしましょう．この部分を人が人参をセットしてボタンを押すと機械が「人参を切る」ように機械化したとします．その場合，この「人参を切る」工程は,省力化・省人化が達成され，生産性が向上したのでしょうか．

答えは，否です．もちろん，それまで作業者が人参を切っていたわけですから，作業者の負担軽減には繋がるかもしれませんが，高い機械を購入した費用を回収できるほどのコスト削減が出来たとはいえません．

これは,工場の工程を理解することで解決できるのです.皆さんの工場を思い浮かべてみてください．工場では原料受け入れから製品出荷まで，様々な工程がありますが，一つひとつをよく見てみると，モノを「移動」する工程と，モノを「保管」する工程と，モノを「加工」する工程の大きく 3 つの工程があることに気付くと思います．

「人参を切る」機械化とは，これら 3 つの工程の中で，「加工」に対してのみ単独で自動化した状態なのです．

多くの場合，加工の前後には，モノを「移動」する工程が存在する場合が多く，そこは人力で行われており機械化されておらず，「人参を切る」スピードに合わせた「移動」の早さが実現していなければ，生産性が向上していないという結果が発生するのです．

工場の自動化については，FA（Factory Automation ＝工場の自動化）と呼ばれる考え方が定着していました．例えば，上記で述べた原料受け入れから製品出荷までの「移動」「保管」「加工」をトータルで自動化しようという概念です．しかし，近年のデジタル技術，ロボット技術の急速な進歩により，FA の対象範囲やレベルが食品工場の自動化の考え方を大きく変えていくことになるでしょう．

1.2 自動化の現状と課題

今日まで，モノづくり工場で，様々な工程が自動化されていく現場を見てきました．その流れは，今も続いていますし，これからさらに加速していくことでしょう．

しかし，食品工場においては，そのような製造業全体の工程の自動化の流れに，必ずしも皆が皆ついていけているわけではありません．食品工場の自動化の流れは昔からありましたが，その中心には，今日の日本を代表する大手食品メーカーがありました．大手食品メーカー各社は，日本の人口急増に対応するため，戦中戦後の貧しい食生活から脱し，日本人に豊かな食生活を届けるために，食品の大量生産に踏み切って行ったのです．

特に，製粉，製油，製糖，調味料などの素材型・装置型の食品製造業では，大企業によって同じ商品を大量に短時間に作るために，自動化は進むべくして，進んでいったといえるでしょう．

一方，食品は腐敗しやすいく傷みやすいという特徴を有し，製造条件の細かい調整を要するため，ロットを小さくしてバッチ処理によらざるを得ません．こうしたプロセス型の食品製造は沢山の中小企業によって営まれています．

社会環境が変化する中，消費者の生活スタイルや食生活の多様化に対応していくため，地元に密着し，長い保存期間を持たず，短納期で供給する多品種少量生産方式による食品製造業の比重が高まってきたのです．プロセス型の業態では，製品を作り込むための条件調整が複雑なことから，手作業に頼らざるを得ないため生産性の改善や自動化は進みにくい側面もあったのです．

1.3　生産年齢人口の変化と食品製造業の自動化の必要性

ところで生産年齢人口から社会環境変化を捉えてみると，どうでしょう．

図4-1にあるように，我が国の生産年齢人口（15～64歳）は，1995年の約8,700万人をピークに減少に転じており，2060年には約4,800万人と，2015年の約6割の水準まで減少すると推計されています．食品を含むモノづくりの生産ラインでは，限られた労働人口の中で，対応できるように生産ラインの自動化が求められるようになってきているのは，こうしたことからもわかります．

なお，生産年齢人口が減少する一方で，労働力人口に占める女性および65歳以上の人材の労働参加率上昇が，生産年齢人口減少の影響を緩和する傾向にあることも同時に報告されています．この状況変化により，工場内では，シニア

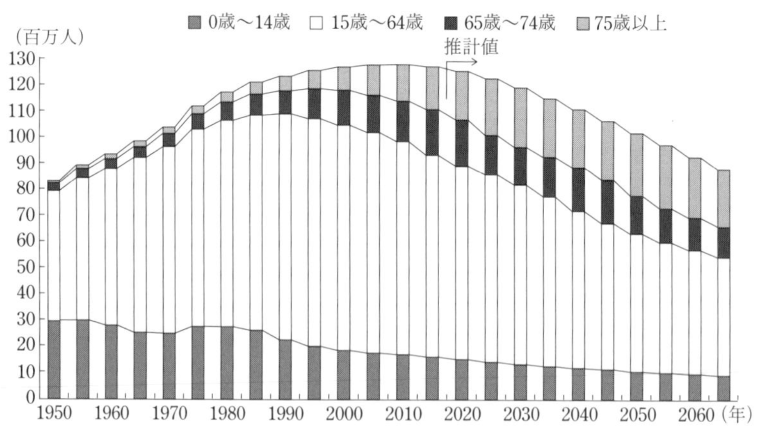

図4-1　年齢別人口推計の推移

2018年中小企業白書より引用

人材や女性が生産ラインで安全で快適に働き，新たな戦力として活躍できる自動化も求められるようになっています．

もっともこのような変化に，大手食品メーカーは，素早く対応してきています．各社は，大量生産型から多品種少量生産にも対応する体制を整えています．工場内に専門スキルを持った「生産技術職」を組織的に配置して，フレキシブルな生産に対応し，より高度な機械であるロボット化やデジタル化を進め時代の変化に対応しようとしています．

一方, 中小の食品工場は, 限られたリソース（資金と人材）の中で, 今の時代に合わせた工場に変化させていかなくてはなりませんが，それがなかなか，進んでいません．

1.4　なぜ自動化が遅れているのか

先に述べたように，早くから自動化に着手した大手食品メーカーは，時代に合わせて自動化のスタイルを変化させてきました．

しかし，大手でないと自動化することは出来ないのかというと，そうではありません．中小の食品メーカーも自動化に対応出来ているところがあります．

そうした自動化に成功している中小の食品工場のなかには，大手食品メーカーから OEM 商品を受託製造し，企業間の技術交流を活発にし，業界の垣根を超えた総合力で企業の現場力を鍛え上げているところが多くあります．また，大手食品メーカーの現場経験豊富なコンサルタントを雇い，作業改善，工程改善から生産性向上を実現し，その改善された工程を自動化し，利益率を大幅に上昇させた企業もたくさん出てきました．

もともと食品工場は，一般衛生管理上の問題もあり，業務改善などの目的で外部の人間が製造現場に入ることは少なく，そのため新しい情報が入りにくいところで．10 年, 20 年経過しても全く変わらない造り方で生産している工場もあります．時代の変化に対応出来ない企業が時代とともに淘汰されていくのは，食品業界も例外ではありません．

では，なぜそうした違いが出てくるのでしょう．自動化が進んでいない食品工場は，なぜうまくできないのでしょうか．

よくいわれるリソースの不足を一旦脇においても，いざ自動化を実施して失

敗に終わる例が少なくありません．例えば，

- 自動化といいながら，一部の「加工」工程のみを機械化して，効果が十分得られていない．
- メーカーの提案のまま機械を導入し，実用化できず失敗した．
- 希望の装置機械を導入するための資金が不十分で，仕様を下げた．
- あるメーカーに相談したら，そのメーカーの機械を勧められて失敗した．
- 導入した機械が壊れ，直せる人材がおらず，手作業に戻ってしまった．

等々です．

この他にも細かい事例は個別に多数でてきます．それぞれに事情は違っても，結論的には自動化のアプローチに問題があると思われます．

工場の自動化へ的確にアプローチしそれを進めるには，その工場の生産技術力が問われます．急速な技術革新が進む中，限られた人材で，毎日モノづくりに励んでいる現場にこそ，生産技術力の向上は必須です．なぜならば，自社の生産技術を正確に捉えることを土台として，はじめて自社の環境にあった適正な手法で自動化に取り組むことができるからです．

図4-2では，モノづくり企業にとって「生産性向上」と「人手不足対策」を同時に解決するために，デジタル技術を利用した自動化を，自社の人材を設計・開発などへシフトさせて進めることが示されています．このことは，これからの日本の中小製造業が取り組む方向性を端的に表しています．経営者の方には

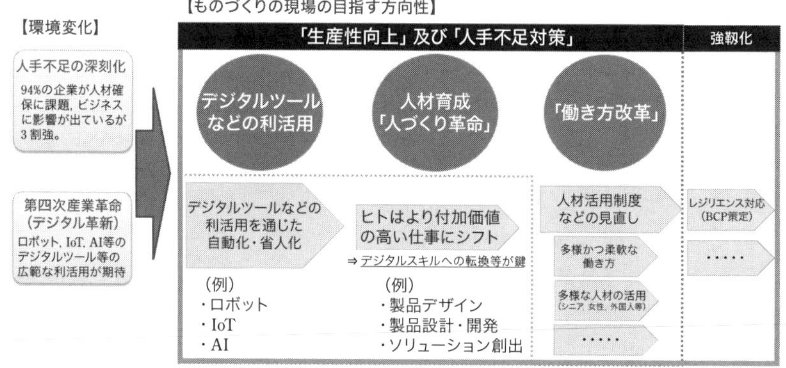

図4-2　環境変化に対するものづくり現場が目指す方向性

2018年中小企業白書より引用

自身の会社のこととして理解していただきたいと思います．

自動化をするには多くのリソースが必要ですが，中小食品製造業にとっても，今いる人材を育成しながら，自社の生産技術力を向上させ，効率的に自動化を推進していくことこそが現実的な取り組みであり，また重要なポイントなのです．

2. モノづくり工場の自動化へのアプローチ

自動化とは，食品工場はもとより，モノづくり工場において，生産効率を高める手段として検討されます．しかし自動化を急ぐあまり，工場内の機械化を手当たり次第進めても，真の自動化に至らないことは，先にも述べました．

自動化を進めるにあたっては，基本を理解したうえで，自社のニーズと課題解決にあった進め方を選択することが大切です．

具体的には，自動化の基本的考え方を理解し，食品工場にそれを展開するには，どのような視点で，アプローチして行けば良いかを検討していきます．

このために，モノづくり全般に求められることと，食品工場独自の視点に基づくことを整理しながら考えてみたいと思います．

2.1 自動化は難しい技術か

自動化は，様々な要素技術を集めて融合させたシステムであるといえます．

したがって，自動化をすすめるには，各要素技術を理解しておくことが，必須条件となります．しかし，専門家レベルの知識が必要というわけではなく使いこなせるエッセンスを理解しておけば十分です．

要素技術には，ラインの機械を構成する機械要素（機械工学），制御（制御工学），センサー（計測工学），駆動（電子・電気工学）などがあります．

ここでは，各要素技術の肝となる部分を理解し，自社の自動化のための拠り所を掴むことが重要です．そして，それらをベースにして自分自身の頭で，考える癖をつけることが大切です．

さてこれら自動化を進める要素技術の中で，最も鍵になるのは制御技術です．近年，デジタル技術の革新に伴い，進化の速い技術領域です．IoT によってつながったロボットをはじめとした製造機器がAIの指示によりまさに自動的に製品を作り出していく，そのような革新的なラインが生まれています．そこには，生産を論理的に構成し進める制御技術が生かされています．

自社の自動化に「デジタル技術やロボット技術をどのように導入できるか」を考えるうえで，制御技術やその周辺技術の基本は理解しておくべきでしょう．

「制御」とは，「機械や装置に対してある目的に適合するように機械を動かすこと」で，制御装置はソフトウェアとハードウエアで構成されます．

ソフトウェアの仕事は，上位システムからの指示やオペレーターの操作指示，さらには機械の状態に関する情報を受けて，目的に沿って最適な運転指令情報を発信する仕組みを作り出すことです．そして，この発信された運転指令情報に従って忠実に機械を動かすのがハードウェアの仕事で，アクチュエーター（モータ，油圧シリンダ，空気圧シリンダなどの駆動装置）やその駆動ユニットとしてインバーターやサーボユニットと呼ばれるもので構成されます．

アクチュエーターは，制御装置の出力端であり，制御対象の機械装置との結節点であるといえます．人間でいえば，アクチュエーターが筋肉であり，センサーは視覚・聴覚や触覚にあたり，信号の判断，情報処理，その指令は頭脳に相当するものです．

昨今，いろいろな場面で「フィードバック」という語句が使われていますが，制御技術では，その代表的なものとして「フィードバック制御」と呼ばれるものがあります．

「フィードバック制御」とは，ある生産物を作り出すために定められた手順とそのための生産手段の定められた物理量の数値などを（制御したい値；制御量）を検出部で逐次検出し，目標値と比較してその結果に差があれば，その差異を少なくするように出力端であるアクチュエーターをコントロールする信号を出し制御する方法のことです．これを，自動車の運転を例にとって見てみましょう．

自動車の運転をする時は，目的地に移動するために目（センサー）で見た情報を脳にフィードバックして，脳から手足に指令を送り，ハンドル，アクセル，ブレーキを操作し，自動車を制御して安全で快適な走行をしています．繰り返しとなりますが目で現在の速度を確認し目標速度とのずれを認識し，そのずれを少なくしようと脳から足に指令が送られアクセルやブレーキを操作している訳です.

生産ラインにおける手作業も，これと同じで決められた製品の品質（安全含めて）を達成するために，製品の状態について何らかの情報を目や耳や，触感で確認し，あるべき状態とのギャップを認識したら，それをどのように調整するかを頭脳で判断し，手足の動きに指示することで問題を回避ながら作業が進んでいるのです.

つまり，自動化とは，目的とする品質の生産物の製造にかかわる手作業を機械化して生産ラインを構築し，それらの機械に動力を伝達し，有効に機能させるために制御するシステムを導入することなのです.

そして，そのシステムを構成する各要素（ここでは，生産量に応じた下準備，配合，成型，調理・加工，包装・表示，出荷，生産ラインの安全性の対策など）の具現化を検討する手法が生産技術といえます.

2.2 「生産技術」を鍛えよう

モノづくりとは，「原材料や部品を加工して，付加価値をつけること」です.「付加価値をつける」とは，製品が食品であれば，おいしく健康に良い，保存性が良い，調理が簡便，開封しやすいなど，顧客が何らかの価値を見出す要素が織り込まれたということです．この付加価値をつける加工段階において，科学的事実に裏打ちされ，繰り返し可能な客観的手段を体系化したものが生産技術といわれるものです．言い換えれば「製品をどのように作るか」の視点で，品質（Q），コスト（C），納期（D），安全（S）に配慮しつつ効率的に製品を生産するために必要な技術を整理し体系化したものです.

具体的には，工程設計，生産性検討，設備計画，生産性の評価，加工技術の開発などの業務をカバーします．場合によっては，設計通りに現場ラインが機能するかどうかの点検やトラブルシューティングも行うことになります.

したがって，大企業のように専門職化されていなくても，ラインに関係する従業員の皆さんが直接生産技術にかかわる業務を実行し，生産技術力を身につけることはできるし，むしろ日常業務でラインに接触する機会が多いだけ，その良し悪しや改善点など見つけ出しやすいという立場にあるといえます．なお，その際大切なことがあります.

・改善意欲を有すること
・全体最適の視点をもつこと
・基本技術（機械，電気，制御）と食品製造技術を理解すること
・問題抽出と解決能力を身につけること
・リスク管理能力，コミュニュケーション能力を身につけること

すぐには無理でもこれらを意識し，足りない部分を補いながら現場に立つことで，生産技術者としての視点が備わってくるはずです．

このような切口でラインを細かく見て分析する訓練を積めば生産技術の力が付きます．

例えば，IoTの導入検討をするとしましょう．IoTとは，センサーと通信そして情報処理の3つがコア技術であることを理解することがスタートです．そして，このシステムを活かそうとすれば，「自社の自動化のどの部分にどの要素が不足していて，新しい方式では何が適用できるか」を考えていきます．

先に，中小食品工場で自動化に失敗する共通点として「自動化に向けた的確なアプローチができていない」ことに要因があると申し上げました．実は，その要因とは，「自社の生産技術力を生かし切れていない」，または「端からこれをスキップしてエンジニヤリング会社やメーカーに委ねてしまっているアプローチに問題がある」ということなのです．

現場のラインのことは，現場に従事する人が一番多くの情報を持っていますし，改善や改良の切口やヒントも，頭の中に沢山あるはずです．これを，上手く引き出して，体系化していくことが生産技術力であるといえます．

そしてIoT，AI，ロボット技術の革新は，従来荒唐無稽と思われたことが実現できる様々なソリューション（solution：問題解決の方法）を提供しており，中小食品製造業へのその応用範囲は格段に広がっています．この「技術変化を自社に取り込むことを見極める力」も生産技術力なのです．

難しい専門書を紐解き，展示会で先進事例を見学し，講演会で新技術を聴講することも無駄ではありませんが，自社の現場の棚卸を細かく行い，課題の抽出を行うにあたり，生産技術の視点から見直してみることから，始めたらいかがでしょうか．

2.3 自動化の検討ステップ

一般に，生産ラインの自動化は次のようなステップで進められます．

	展開ステップ	検討内容
①	企画・設計段階	自動化目的，仕様の確定，要素技術の選択，見積仕様書作成，投資判断，製作会社の選定，
②	設備機械発注製作	コスト・機能・納期確認
③	据付・試運転	設計仕様，機械負荷，電気負荷，制御応答性確認
④	初期管理	教育訓練，マニュアル整備，運用確認，初期流動
⑤	量産移行・機能指標確認	自動化目標の達成度評価

各段階における検討内容はそれぞれ重要ですが，自動化をうまく進めるためには，特に，設計段階において，いかに自社の生産技術力を結集できるかにかかっているといっても過言ではありません．

モノづくりの設計においては，実際は図 4-3 のように，工程（プロセス）設計に至るまでに積みあげられた工程に関する所見を反映させる活動が必須です．ところが，初期の要望レベルで作成された仕様書をそのまま機械装置メーカーやエンジニヤリング会社に提出し，あとはまかせっきりで進めることが多いのではないでしょうか．

その結果，高い費用をかけて導入した装置が，満足できなかったという声を聴くことがあります．例えば，

- カスタム仕様で装置を発注したが，汎用品を改造した装置が納入された．
- 何度も要望を提案したが，装置の制作にそれが反映されなかった．
- 専用ラインを発注したが，簡易な自動化ラインの組合せの装置となった．
- 設備保全に配慮がされていないため，故障停止による非稼働時間が長くなってしまった．

というものです．

実は，自社に「設計部門や生産技術部門がないから」，「検討する時間がないから」などの理由を言い訳にして，これまでに積み上げられてきた工程に対する所見を検討するステップを省略した結果ともいえるのです．

自社（図 4-3 では，関与者）が自ら作り上げてきた生産技術力を結集して，要

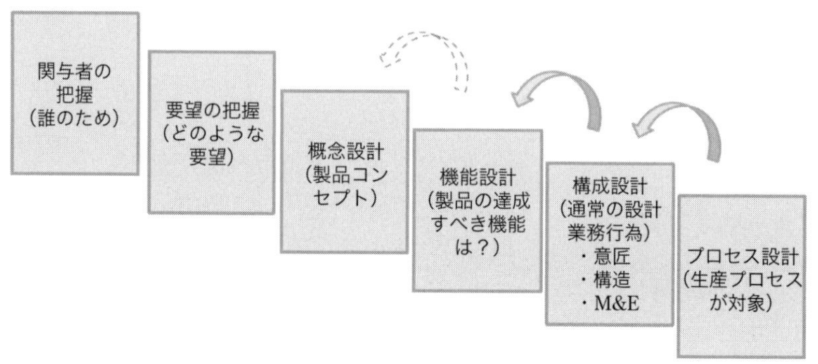

図 4-3　モノづくりの設計プロセス

吉田敏「技術経営特論」講義録より引用

望や機能，そしてそれを実現するための構成要素を，予めできるだけ明確にすることが大切なのです．

各設計段階に，どれだけかかわれるか，どこまで現場の情報を伝えられるかによって，出来上がりは大きく違ってきます．もちろん専門的な技術領域はメーカー側が担当しますが，自社の現実や要望をできるだけ正確に伝えることが，設計段階における発注者の役割です．

さらに，ある程度検討が進んだところで，その過程をチェックする意味で，各ステップの節目にいわゆるデザインレビュー（design review）をすることを忘れてはなりません．デザインレビューとは，「設計段階で，性能・機能・信頼性などを価格・納期などを考慮しながら設計について審査し改善を図ること」（JIS Z 8115）です．

デザインレビューは，限られた時間，参加者でも，工夫すれば，工程設計のプロセスに対する自社の関わりを質・量ともに大幅に拡大でき，計画を充実できる良い機会となります．また，工程設計とその評価を同時並行ですすめるコンカレントエンジニアリング（concurrent engineering：製品の開発プロセスを構成する複数の工程を同時並行で進め，各部門間での情報共有や共同作業を行い，開発期間の短縮やコストの削減を図る方法）方式ですすめることも，短期間で効率的な検討に有効です．

これらを教科書的に実行することをお勧めしているわけではなく，経営者自身あるいは自社人材によって，「この過程をできる範囲内で具体化する，そのために考えるという」行為が必要不可欠だということを強調したいのです．

皆さんは長く食品製造というモノづくりに携わっているわけで，自分達では気づいていない生産技術力が工場内に沢山埋もれていると思います．それを掘り出して磨きをかける良い機会としてください．

2.4 何から着手すべきか

プロセス型の食品業界は多品種少量対応する必要があり，人に頼る部分が多いため，ロボット化・デジタル化を含む自動化がなかなか進んでいないことは，先にも触れました．その他，実行段階での要因として，次のような側面も指摘することができます．

・費用対効果が計算しづらい．

・最適な投資金額が算出しにくい．

・自社の生産技術力（特にデジタル技術，ロボット技術関連）が弱い．

・自動化の導入に現場の反対が大きいことがある．

また，自社で自動化検討チームを立ち上げ，装置メーカーに相談しても，メーカー側から「どのような機能を，何のための活動に使うのか，またどのように組み込むのか，といった仕様書がほしい」といわれても，提出できない（しない）ケースもあるのではないでしょうか．さらに機器メーカーや専用機メーカーに問い合わせてみても，全体最適を考えた構想を提供してくれる会社が少なく，結局は実現できないままお蔵入りになる場合もあるようです．

そこで考えるべきは，成功事例をつくるということです．そのためにどのようなテーマが取り組みやすいのか，言い換えれば現場の課題解決のために，何から（何処から）始めるのが現場の理解と共感を得られやすいか，という切り口が必要だと思います．

先にお話しした的確なアプローチをショートカットしろ，という意味ではなく，できることを少しずつ進めるという方法論をお話ししています．

特にデジタル化の部分は，IoT を活用することで，比較的早く結果が出て取り組みやすい領域になっています．例えば，

・生産・稼働管理

・保守管理

・品質管理
・在庫管理

などです.

あるモノづくり工場の例ですが, ここでは, 多数の自動機械を使用して部品加工をしています. そして機械毎に備え付けられているパトライト（回転灯）を用いて，その表示に従い作業者がその結果を日々集計し，生産量増大を図るべく対応していました. しかし膨大なデータを短時間で手処理しているため，必ずしも最適になっていない可能性がありました.

そこで，パトライトからの信号を，工場内 LAN を使用して 1 カ所に集約する工事を行いました. 情報を 1 カ所に集めることで，解析ソフトを使ってリアルタイムで工場全体の稼働管理ができるようになり，その向上を図ることができました. この例のように，費用はそれほどかけないでも，既にある機器・仕組み（センサー，通信，解析ソフト）を利用した IoT 化で，かなりの改善は可能になる例は身近にあります.

比較的開始しやすく，かつ効果が出やすいデジタル化から始めて，狙いとする自動化に進展させるやり方が，お勧めしたい方法です.

特に，生産・稼働管理と保守管理から始めると，ライン自動化に繋がり易いですし, 検査工程や品質管理に AI 判定やシミュレーションソフトを用いることで，省人化が進めれた事例もよくあります. 要は，デジタル化で集まるデータや情報をラインにフィードバックすることで，機械の自動化を進めることに発展させることができるのです.

3.　食品工場での自動化は

今，多くの食品工場は，人材不足に悩まれています. 特に，中小の食品工場では，それが顕著に出てきています. これから，ますます労働人口が減少していく中で，製造工程の自動化は生き残っていくためには喫緊の課題です.

また, 昨今の食品安全に対する要求が高まっていく中で, 必要なハード･ソフトのレベルは上がり，コストが上昇していく一因となっており，ますます，製造ラインの自動化によるコスト削減が求められるようになっていくでしょう.

それでは，実際，自動化をどのように進めていけば良いのか，まず，食品工場の特徴に目を向けてみましょう.

3.1 食品工場だから求められること

食品工場では，消費者向けの最終加工製品を生産することから，モノづくり全般に必要なQCD（QCD：Quality（品質），Cost（コスト），Delivery（納期））に加えて，食の安全性を確保するという大きな社会的責任があります.

2001年のBSE問題を始めとして，毒入り餃子事件，賞味期限偽装事件など，食の安全を揺るがす事件が相次ぎ，2003年には食品安全基本法が制定され，食品衛生法などの関連法案も改正されました.

新しい取り組みの中では，国民の健康保護を目的としてリスクを最小限にすることに重点をおいた「リスク評価とその管理」が基本的な考え方となっております．そして，基本法8条では，食品事業者が「食品の安全性を確保するために必要な措置を食品供給行程の各段階において適切に講ずる責務を有する」ことが明記されています.

したがって，法の趣旨を理解したうえで，これらの取り組みについて，日常の工場運営はもちろんですが，自動化の検討にあたっても十二分に考慮されなくてはなりません.

そのため工程だけではなく，残留農薬ポジティブリスト制度や汚染物質対策，器具・容器包装の安全性確保，新たな食品表示法の施行など，関連する規制にも細かく対応する必要があります．体系的に要求事項を整理して，自社の自動化にあたっては，ヌケ・モレがないよう検討を進めてください.

環境省および農林水産省によれば2016年度の食品廃棄物は約2,759万トンで，このうちいわゆる食品ロスは23%にあたる643万トンと推計されています．食品ロスはSDGsのターゲットの1つに織り込まれており，食品事業者から発生するロスも2030年には，2000年比で半減する基本方針が検討されています．循環型社会への転換を目指すべく，食品工場に課せられたもう1つの社会的責任として認識しておく必要があります.

3.2 HACCP対応

前項に関連しますが，2021年度からはHACCPの導入が法制化されています．HACCPは食品衛生管理の国際基準となっており，従来の完成した食品の品質チェックのみの管理から，「食品の製造から販売の工程を継続的に管理する」ために各工程で発生し得る危害や損害を予め分析し，事故の未然防止に努めるものです．先に述べたリスク評価とその管理に共通するものであり，導入にあたっては，HACCP 7原則と12手順が規定されています．

① HACCPチームの編成
② 製品の特徴の確認
③ 製品の使用法の確認
④ フローダイアグラムの作成
⑤ フローダイアグラムの現場での確認
⑥ 危害要因の分析 【原則1】
⑦ 重要管理点（CCP）の設定 【原則2】
⑧ 管理基準（CL）の設定 【原則3】
⑨ モニタリング方法の設定 【原則4】
⑩ 管理基準逸脱時の改善措置の設定【原則5】
⑪ HACCPシステム検証手順の確立 【原則6】
⑫ 文書化および記録保持 【原則7】

この手順を見ると，リスクという切り口で整備することになっていますが，実は工程分析を詳細に行うことになりますので，工場の自動化検討の基本資料として活用することもできるのです．またその分析手法や考え方が，設計に適用することができ，HACCP対応のために採る個別の措置がそのまま工場の自動化を構成できる場合があることにお気づきだと思います．

3.3 工程の独立性と連続性

食品工場の工程は，概ね図4-4のように構成され，原材料を加工し，製品化しています．

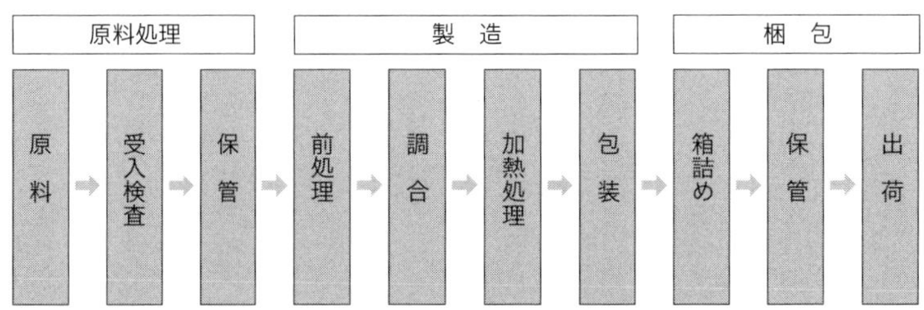

図 4-4 般的な食品工場の大きな流れ

自動化を検討するにあたっては，各単位工程の特徴（独立性）とそれを結合する流れ（連続性）を意識する必要があります．

工場の目的である付加価値を高めるのは，加工工程にあたる製造部分で，加工技術によって工場の利益体質が左右されます．その他の検査や保管，移動に関する工程はできるだけ低コストで正確に処理することが求められます．

それぞれの単位工程において，その特徴と目的に目をつけたうえでどのような工夫ができるのかを考えて行きます．また，そうした各単位工程をどのような方法とタイムサイクルで繋げば合理的かという点が自動化の切口となってきます．

最終的には，原料投入から出荷まで全自動化ということができれば，理想ですが，費用や技術面で一足飛びには難しいのが現実です．単一で切り替えが少なく大量処理ができるような工程は比較的自動化が進めやすいですが，原材料取扱い作業や多品種少量型の加工工程，検査作業は難易度が高く採算性も良くないのが一般的です．自社の工程の独立性と連続性の関係をよく見極めたうえで検討する必要があります．

3.4 食品加工技術への対応

食品の製造工程で，よく使用される加工技術の視点からも見ておきます．なかでも，熱処理，固液分離，粉体化処理，包装技術には，食品製造独特の領域があり，自動化の検討には各処理技術の基本を理解しておくことが大切です．

1) 熱処理

焼成，蒸し煮，殺菌など加熱による加工と，冷却，冷凍など熱をとり温度を下げる加工があります．伝熱には，熱伝導，熱対流，熱放射の3種類があり，目的により加熱のどの機構を使うか，温度制御をどうするかなど，加熱方法の選択が食品の出来栄えに直接影響するため，よく検討してください．

食品の殺菌は，加熱殺菌，薬剤殺菌や放射殺菌もありますが，高温短時間殺菌法がよく用いられます．殺菌温度の上昇に伴い，殺菌効果は急速にあがりますが，逆にビタミンや栄養成分，旨味成分を消滅させるトレードオフの関係にあることは注意すべき点です．

凍結や解凍においても，冷凍方法によってはいわゆるドリップの問題があることは，よく知られています．いずれにせよ，熱処理は，対象物質に熱を作用させ加工する技術なので，伝熱機構をよく知りその温度制御をどのように行うのか，原理のところをよく抑えてください．

2) 固液分離

原材料や仕掛品が固体と液体の混合物で分離する必要がある場合，機械的に分離し，さらに水分を脱水し，乾燥する工程があります．通常これを連続的に処理できれば効率があがりますが，物性や設備の処理方式により段階的に行われる場合も数多くあります．

機械的な固液分離では，沈降，ろ過のように物理的な現象を利用するもの，遠心力を利用して分離と脱水を同時に処理するケースなどがありますが，処理速度の高速化により物性の変化を生じることもあります．蒸発や乾燥は，食品から水分を最終的に除去をする処理であり，熱処理として捉えることもできます．

3) 粉体処理

原材料の前処理や最終製品の段階で，対象物が粉体である場合がよくあります．

処理には粉砕，分級，造粒，混合などがありますが，処理過程において，粉体化された食品を扱う難しさがあります．機械的な粉砕では，設備由来の異物混入に注意が必要ですし，逆に分級や混合では設備への粉体付着があり，ロットや製品の切替え時の洗浄が重要です．これらの工程は本来独立の工程ですが，自動化を検討する場合には,連続化させるために工夫しなくてはなりません.移送や保管,投入や充填,移送について,粉体特性と最終品質への影響を加味しつつ進めていきます.

4) 包装技術

食品工場では,包装は食品の品質や保存性,消費者の利便性などから独自の包装形態を採用しています.ピロー包装は,フィルムが製品の流れに沿って水平移動しながら内容物をピロー(枕)状に包み込む包装形態です.製品とフィルムの同期,シール,カッティングなどは連続的に行い,自動化されたユニットとして導入するケースが多いと思います.

製品の酸化を防止し,保存性を向上させるために包装容器内を脱気して不活性ガスで置換する方法や真空パック方式が採用されることもあります.また吸湿性のある粉末製品を対象にシリカゲルや消石灰などの乾燥材を容器内に封入するケースもあります.

その他,製品の形態によって,充填包装するためにカップ充填包装機や粉体充填機,金属缶充填機など,プロセスの下流側では,カスタマイズされた自動化例が多数でてきています.

食品のプロセス技術の代表的なものを簡単に紹介しましたが,皆さんの工場でも,自社のコア技術といえる領域があると思います.その周辺にある技術については,常日頃から注目して,自動化の感性を高めていただきたいと思います.

4. 自動化を成功させるための勘所

ここまで,モノづくり工場における自動化を基本に,食品工場で織込むべき要素や考え方について説明してきました.ここからは,具体的にどのように自動化を進めるのか,その手順を明確にして,失敗しない投資にしていく方法をお話ししたいと思います.

4.1 自動化の導入の前提としてのロードマップ・青写真を描く

先にも，一般的なモノづくり工場における自動化検討のステップについて，特に設計段階の重要性を中心にお話ししました．しかし，現実には設計の前に十分な現状分析が必要です．自社工場を取り巻く環境変化はどうか，現状の問題点は何か，解決すべき課題は何かを事前に整理しておくことが大切です．

工程の自動化は，課題解決の1つの手法であって，その前に課題を適切に絞り込んでいることが前提です．そして，これをできる限り定量化することによって，目標やゴールが明確になり，対策としての自動化を採用した際も，その道筋が見え易くなります．

つまり全体のロードマップを作成し，各段階の節目のポイントを決める青写真を描くのです．ポンチ絵でも掲示用紙でも構いません．格好にとらわれず，生々しい現場の実態と改善の方向を客観的に書き出して欲しいのです．そして，その青写真を見ながら，自動化の出来上がりを想像して，これで本当に課題が解決できて自社工場の問題点が解消されるのか反芻してみてください．これがたたき台となり，概念設計や機能設計の段階に進むことができるのです．

要は，いきなり自動化ありきで仕様書作成のアクションへ移らないでくださいと強調したいのです．

4.2 安全な食品を作る

消費者が直接口にする食品工場にとって最も重要なことは食の安全を確保することにつきます．異物混入については，食品衛生法とPL法（製造物責任法）で規制されますが，法対応にとどまらず事故が生じた場合の因果関係の証明が困難であることや損害賠償の大きさを考えると事前に混入防止策を構築することが大切であることは，十分おわかりだと思います．

異物混入防止策については，原材料や作業する人からの検討はもちろん，自動化の際に，設備機械や作業方法からも二重三重の対策を予め考えておくべきです．

昆虫は，光・臭気・熱源の3つの要因で侵入することが知られており，この要因を断ち切るような機械装置を選定することで混入防止が可能となります．

設備起因の異物，金属片やプラスチックに対しては，点検により発見し易いライン構成を構築したうえで，磁気を用いた金属探知機やX線異物検出器などで対応します．もし，小さな部品がラインから離脱した場合に，材質やサイズ，ライン速度も含めて検出できるか否かを検証しておくのは当然のことです．

年間約3万人が食中毒に罹患しているといわれていますが，食中毒に至らないまでも，食品を食べて体調を崩すケースは，けた違いの数が推定されます．さらに，最近では食品アレルギーの発症による重症化例も問題となっています．これに対しても，原材料，作業する人と設備機械すべての視点でアレルゲンの意図せぬ混入を防ぐ対策を構築していきます．

特に，食品工場では，ラインの機械装置は使用後の洗浄が必須になります．洗浄は，組立てたままではできない場合が多いため，すべて分解して洗浄殺菌することになります．洗浄の作業者，時間，分解・組立前後で部品数のチェック，使用した洗剤，量，加熱殺菌の温度管理をきちんと実施し記録します．そうすることで第三者の検証を可能とし異物混入などを防ぐ仕組みとして管理することができるようになります．

さらに，洗浄後は，「安全に使用できるか否か」客観的に検証することができるハード・ソフトの対応を，織り込まなければなりません．

4.3 儲かる食品工場を目指す

食品工場を運営している皆さんは，日々の製造を行いながら様々な経営課題に直面されていると思います．なかでも，売上・利益などの収益上の課題は，どの業界・業種でも共通の重要な経営課題であることはいうまでもありません．食品工場も日々の活動の中で，コスト低減に努めるのはもちろんですが，自動化によって革新的なコストダウンを図ることにより，「儲かる食品工場」にすることができます．

では革新的なコストダウンを図る自動化のポイントを以下に挙げてみます．

① 仕入価格を下げる

工場は，原材料を仕入れ，加工し，付加価値を付けて仕上がった製品を適正価格で売ります．その価格差が利益ということになります．従来の製造仕様では仕入れできなかった原材料が，自動化することで取り扱えるようになれば，仕入れ値を下げる可能性が広がります.

② 人件費を下げる

製品を作るために作業工程の集約や削減，設備稼働率の向上により，かかわる工数や人数を減らすことができれば，人件費を削減することが出来ます．いわゆる省力化と省人化です.

③ 光熱費を下げる

操業条件の見直しによる電力原単位（単位量の製品や額を生産するのに必要な電力消費量の総量）の低減や新たな省エネ機器を導入する他，照明エリアの見直し，時間帯契約による電力費軽減など小まめな節電をすることで，光熱費を下げることができます.

④ 製品率を上げる・廃棄物を減らす

100の原材料を仕入れて80の製品が出来た場合,80の売上しか上げることができません．しかし改善により，100の原材料を仕入れて90の製品ができた場合，10の製品分売上を上積みし，その裏返しで廃物処理費を低減することができます．例えば自動化によって，検査精度の向上，品質ばらつきなどの低減を図れば，こうしたことも可能となります.

⑤ 時間当たりの生産量を増やす

製品を楽に，早く，簡単に作ることが可能になれば，その分時間当たりの生産量を増やすことができ，売上増に繋がります．マンパワーを超える機能の自動化を導入することができれば，ライン速度や投入量を増加させ，それが可能となります.

例示しましたように，自動化を進めることにより，より広い領域でコスト低減することが可能となります．自動化を推進するための目的として捉えてみてください.

4.4 投資判断とシミュレーション

自動化が進まない実行段階での要因として，「費用対効果の計算がしづらい」，「最適な投資金額の算出がしにくい」という側面があることをお話ししました.

これは，自動化の企画･設計段階の仕様が確定した段階で，「投資判断をするところがわかりにくいと感じている」ということだと思います．これらを判断するのに2つの方法があります．

1つ目は，投資価値としての評価です．

評価に用いられる経済計算には種々ありますが，よく用いられるのは次のものです．

① 回収期間法

これは，設備資金の回収期間を計算し，回収期間が短いほど良いとする方法です．

設備への投資資金は，それから得られる投資利益とその減価償却費を加算したキャッシュフローによって回収されます．回収期間は投資額を年間キャッシュフローで除して計算し，この年数が短いほど早く回収されるため経済性が高いとするものです．

具体的には，基準回収年数（一般には，耐用年数の60～70％で設定）と比較して，それより短ければ採用する方法です．

② 正味現在価値法

回収期間法では，時間の経過に伴う価値の変化を無視していますが，設備投資は長期的な課題となるために，時間の経過はリスクの増大にもつながるために，価値の変化を考慮するのが合理的です．

正味現在価値法は，設備投資によって将来得られるキャッシュインフローの現在価値の合計額と投資額との差額である正味現在価値（NPV: Net Present Value）を求めます．それがプラスになれば，つまりキャッシュインフローの現在価値の合計額が投資額を上回れば採算に合うとする方法です．

なお，現在価値とは，将来のある経済価値を現時点で換算するとどの程度の価値となるかを意味するもので，利子率を複利計算で割引くことで，計算できます．この割引き計算を年金原価係数とした表があり計算し易くなっていますので，一度試してみてください．

2つ目は，設備効率を基準に判断することです．

この判断には，次の数式を用います．

設備効率＝設備稼働による総付加価値額 / 設備ライフサイクルにおける総費用

「総付加価値額」とは，売上高から材料費や外注費などの社外費用を差し引き，さらにこれから労務費と減価償却費の社内費用を引いた「付加価値」，つまり「営業利益」とされるものです．

「設備ライフサイクル」とは，企画・設計から制作，導入，稼働，修理，廃棄に至る一連の活動期間のことです．これらの活動期間にかかる費用には，設備投資額をはじめ，ユーティリティ費用，修理保全費用を含みます．つまり，設備効率とは，これらの費用を削減し，一方で付加価値額を増加させる投資を行う管理をすることなのです．そのためには，自動化によって達成できる生産量や，生産条件，コスト，品質レベル，納期などを現状と比較して併せて評価していきます．

大事なことは，「投資評価」も「設備効率」も，企画・設計段階において単発で行うのではなく，シミュレーションして計画の精度を向上させていくことが重要なのです．そして，これも，税理士さんに依頼しっぱなしでは意味が半減します．自ら「投資評価」や「設備効率」に関係する諸項目のパラメータを設定して，エクセル表で計算を繰り返す活動が，自社の投資をより効果的にしていくための判断に活きてきます．

また，計算途中に，パラメータつまり工程を構成する諸項目（因子）について深く考えなおすことができるよい機会になるはずです．

4.5　工程設計の成果物

設計の最終段階で行う工程設計（プロセス設計）は，導入する機械装置の他，自動化後の作業設計，物流設計，レイアウト設計を行い具体的なプロセスの流れを構築します．この際，工程の独立性と連続性をどのように融合させるか工夫しますが，その際，製造工程表の作成が重要です．

製造工程表とは，QC 工程図といいますが，HACCP でも要求されるフローダイアグラムを作成されている工場では，それで代用しても構いません．この QC 工程図をベースにして，実際の現場作業と製造工程表が合っているかどうかを，自動化前後で確認してください．現状でさえ工程表と実態が異なることは多くあります．まして，計画中の自動化後の姿を想定しながら作成するので，誤りや矛盾が生じることは避けられません．自社の生産技術力を成果物として文章にして表現すると見えてくるものがあります．前項で述べたシミュレーションは製造工程表を対照しながら行うと効率的で効果があり，設備投資額の圧縮や期待効果の確実性を向上できます．

工程設計は自動化後の生産性，品質，コスト，納期，安全性を左右しますが，この際もう一点留意していただきたいことが7Sです．食品工場では，モノづくり工場に要求される5S（整理，整頓，清掃，清潔，習慣）に加えた2S（洗浄，殺菌）が必要です．

7Sを十分考慮して，ラインの効率性と清潔性を並行して追求する観点からも，この段階で是非検討してください．

今まで述べてきたように食品の安全性は，ラインのハード面と操業にかかわるソフト面から，いわば工場文化として日常に根付かせることで確保できます．自動化を機会として一段レベルをあげた7S活動を展開しましょう．

4.6 設備管理の視点で評価する

自動化は，新しい設備機械やシステムを導入すれば終了ではなく，設備ライフサイクルの各段階において，効率化をする必要があることをお話ししました．したがって，導入した自動化で最大限の能力を引き出せるように努める必要がありますが，実務面では，稼働以降の設備管理には力を入れて行ってください．

導入時には，設備仕様の要求事項を機能面で満足している否かを空運転，実負荷運転とフェーズを分けて確認します．設備機械の構成や制御のハード面をチェックしたうえで，実負荷運転により能力を検証していきます．この際，作業者に対する安全装置と「食の安全」を確保するシステムについても，メーカー側とクロスチェックして検収します．なお，並行して操作マニュアルの整備や教育訓練を実施しソフト面での対応を充実させ，量産移行に備えておいてください．

設備は，稼働後にメンテナンスや稼働状況をモニタリングして，所定の能力を維持することで，導入目的である付加価値の創造が継続できます．

設備は，時間の経過とともに劣化し故障するので，復元と修理を繰り返します．そのため

導入から廃棄までの故障率を表すいわゆるバスタブ曲線を用いて，「初期故障

期」，「偶発故障期」，「摩耗故障期」それぞれの段階で適切な保全活動を実施することが，コスト低減に繋がります．

この保全活動も，自主保全を主体に進めることお勧めします．自社に専門の保全部隊がいないため，故障時に直接メーカーに修理依頼するケースも多くあると思います．しかし，初期清掃や発生源対策，総点検を自社内で繰り返すことで，設備に強いオペレーターが育ち，ラインの課題も明確になり，さらなる改善に発展できるのです．

一方，自動化ラインの稼働において計画通りのパフォーマンスが達成されているかを日々の操業で確認することも，ライフサイクル評価では重要です．

自動化設備の実力は，単位時間内で仕様に合った最終製品（いわゆる良品）を生み出す力で測り，「設備総合稼働率」で表現されます（図 4-5 参照）．

「設備総合稼働率」は，設備が動くべき「負荷時間」と，ロスによる「停止時間」を除いた実際に動いた時間との比率をあらわす「時間稼働率」に，ライン機能を評価する「性能稼働率」と「良品率」を乗じて求めます．

計画的なシャットダウンは，操業時間と負荷時間の差異なので，これらの指標を合わせると，生産計画や自動化設備の仕様とパフォーマンスのギャップが見つかります．これを修正すべく検討することで自動化ラインの実態を評価することができます．

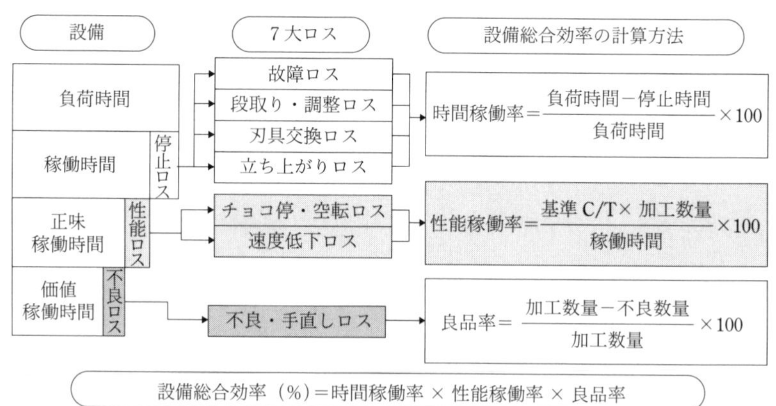

図 4-5　自動化ライン設備総合稼働率の評価

日本プラントメンテナンス協会「わかる！使える！ TPM 入門」より引用

このようなライフサイクル評価をどのタイミングで行うかも重要です．よく，PDCAといいますが，大事なのは時間軸です．ある程度時間を経過してしまった「結果にもとづくPDCA管理」でも過去の分析はできますが，タイムリーな改善はできません．できる限り短いサイクルで，ラインの現状をリアルに評価して，「結果を作るPDCA管理」を行うことこそ，活きた活動となるのです．それを現場の人が日常の操業の中でできてしまう仕組みを，先の「パトライトによるIoT化事例」などを参考にしながら工夫してみてください．

4.7 ロボット導入のすすめ

食品産業においては，最終製品の形状やサイズ，微妙な風味や食感の違い，食材の特質や加工の多様性などから，ロボット導入は遅れていましたが，人手不

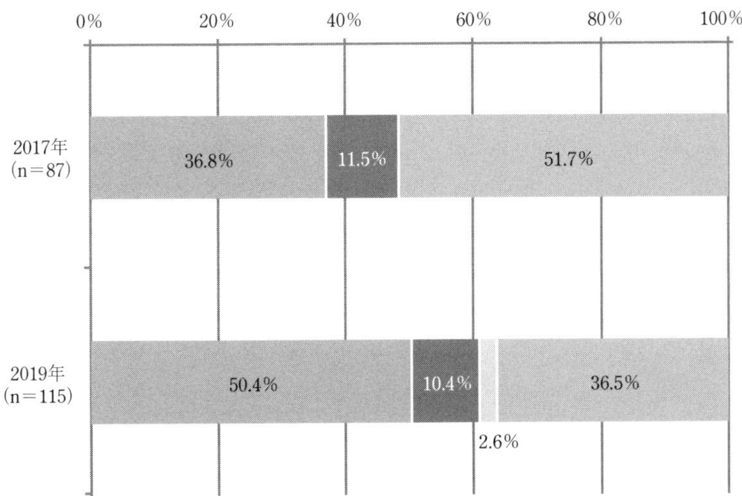

矢野経済研究所調べ

注1. 調査期間：2017年7月8月，2019年7月～9月，調査（集計）対象：国内の食品製造業87社（2017年），115社（2019年）いずれも回答は1社1工場を対象とする，調査方法：電話ヒアリング，及びアンケート（郵送，メール，FAX）調査を併用，単数回答

図4-6　食品工場における自動化・省人化に関するアンケート調査（2019年）

矢野経済研究所プレスリリース（2019/10/10）より引用

足によりロボット化への取り組みが増え始めました.

図4-6のアンケートによれば，2年前に比べてロボットを導入している食品工場は，10ポイント以上上昇しており，自動化・省人化が進展していることがわかります.

なお，同時にロボットを導入している具体的な工程については，包装・箱詰め・パレタイジングなど食品製造の後（下流）工程に多いという結果も報告されています.

もともと，大手の菓子製造業やレトルト食品，冷凍食品など単品種大量生産型の工場では，他のモノづくり工場と同様に産業用ロボットがラインの中心に使われてきました.

プロセス型といわれる多品種少量型の加工工程では，自動化には技術的なハードルが高いとされてきました. しかし, 回転すしチェーン向けの寿司ロボットやスーパー・コンビニの惣菜製造で実績があるほか，無菌状態や低温下，高温下など人が介在できない環境に導入する独自の取り組みも見られます.

また，人とロボットが同じラインで働く協働ロボットは，ロボットの専門技術を持たない人が扱う前提で開発されるため，中小企業でも運用されやすいとされています.

導入可能な工程から省人化を進め，どのような工程にロボットを活用できるかを自分たちで考え，裾野を広げていくことが必要です.

4.8 AI導入のすすめ

ロボット化と同時に，AIを導入する例も増えています.

AIの代名詞として語られる「ディープラーニング」により，自動車の自動運転や医療診断に応用されてきていることはよく知られています. モノづくり現場においても，故障予知や制御の最適化，また，認識技術と組み合わせて検査工程への普及が進んでいます.

食品工場では, 原材料の計量でヒューマンエラーを防止するためにAIを活用した例がありますが，さらに「食の安全」分野で特徴が活かされると思います. 異物混入防止のため，ラインには，異物を検出する装置を組み込んでいますが, これによる検出物の画像認識はAIが活きる領域です. さらに, 検査工程における官能検査や合否判定など，品質管理において精度向上とばらつき低減が期待できます．

また，ラインに従事する作業者の姿勢や細かい動作を解析し，異常行動分析による安全衛生システムの構築や作業性分析による生産性向上に役立てる試みも実証されています．

ロボットやIoT化と同様に，ラインの自動化を検討する際に，いきなり導入ありきで自社専用システムの構築に進まないことです．費用対効果の視点で，既存の自社制御機器との組み合わせや単独システムを活用したスモールスタートから初めて，そこから水平展開する進め方が良いでしょう．

5. まとめ

この章では，食品工場を経営している人や現場管理にあたっている人が，自社の自動化を進める際に，気になることをまとめてみました．

自動化を推進するには，食品工場に関する十分な理解と高い生産技術力が必要になります．

既存ラインには，これまでに個別に設置した専用装置が稼働していますが，これを連続化させ，集約することで，生産工程における省力化・省人化・自動化が可能となります．その結果，御社の生産性が向上し，作業員が働きやすい工場が実現していくのです．

そのために，検討にあたっては粗くてもよいので，自分の頭と手を使って，ステップを端折らずに踏んでください．ただし，深く専門的なことを追求することはありません．文中でも，何回もお話ししましたが，この自分でやる作業こそが自社の課題の深堀と解決の近道です．限られた，時間とリソースは皆さん同じです．自分でやろうという工夫と熱意が大切なのです．

永年蓄えた自社のコア技術を活用し，「やりとげる」情熱があれば，御社の自動化は必ず成功するでしょう．思いきった自動化で「食の安全安心」を提供するオンリーワン企業を目指してください．

第５章　食品製造現場の改善事例

誰もが知っている，わかりきっていることでも，問題点と解決策がその場で「はっ，とわかる」「あれ？と気づく」には，ある程度の学習と経験が必要です．

本章では，筆者が現場で診断，適用した事例を，テーマ毎に７つに分類して紹介します．「根っこ改善」や「現場改善」,「ムダ取り」で培った知識をベースに，あらゆる場面における改善への着眼点を養い,「はっ，とわかる」,「あれ？と気づく」ための手助けとなれば幸いです．

1.　動作のムダを減らして，肉体的疲労を軽減する

食品製造業は自動化が進んでいないぶん，食品が入ったコンテナを直接持ち上げたり，冷たい水に手を浸したしたり，肉体的負荷がかかることが多い職場です．そのことを，半ば「仕方ない」と受け入れるのではなく，作業員がもっと楽に働いてもらうにはどのような改善をすればよいか考えてみましょう．一般的に，改善により肉体的負荷が少なくなることで，作業時間の短縮や不良率の低減などの相乗効果がもたらされます．

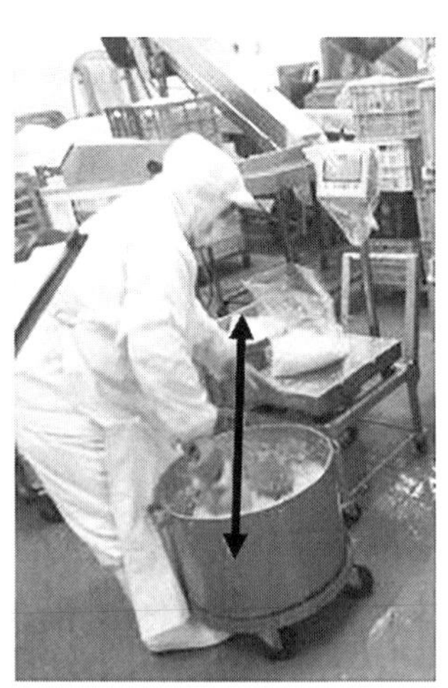

図 5-1　玉ねぎみじん切りの袋詰め

1.1　〈事例 1-1〉秤量，水切りの肉体的負荷軽減

○作業内容

玉ねぎのみじん切りを大きな容器から取り出し，所定の重量に調整しながら袋詰めする．

○問題点

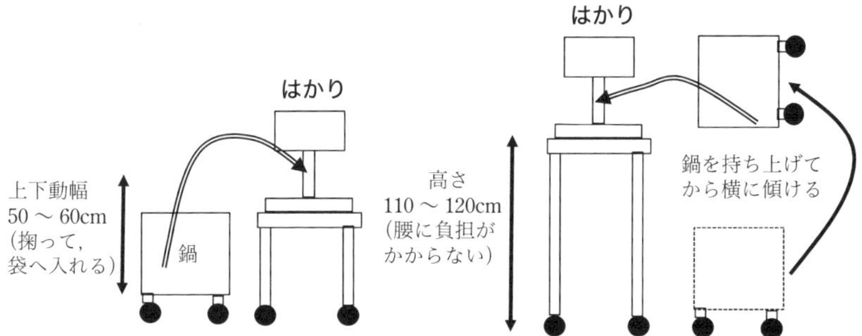

図 5-2　袋詰めにおける鍋とはかりの位置（左：現状，右：改善案）

袋詰め作業で，担当者は地面近くの容器とはかりの間の 50～60cm をさかんに上下動するため，腰に負担がかかっていた（図 5-1）．秤量以外にも，水に浸した野菜を水切りする際も大きい上下動を伴っていた．このような肉体的負担は，結局作業能率の低下につながる．

○解決策

以下の組み合わせを提案した．

- 図 5-2 に示したように，みじん切りが入っている大きな容器に対して，肉体的な負担をかけずに所定の高さ（腰に負担が最もかからない 110～120cm 程度）まで持ち上げてから横に傾ける．
- はかりも容器と高さを合わせ，取り出し時の重心上下移動をなくす．
- 細かい重量調整がしやすいように，所定重量用の小さいショベルを数種類揃える．極力，少ない回数で調整を済ませる．

1.2 〈事例 1-2〉秤量のための運搬をなくす

○作業内容

カットしたキャベツが入ったコンテナ（約 10kg）を，秤量するために持ち上げて運ぶ．

○問題点

大人でも 10kg の運搬は負担である．さらに秤量の結果，過不足があれば，重量調整のために，作業場とはかりの間を往復しなければならない．

図 5-3 コンパクトなはかり

○解決策

カット作業スペースの脇にはかりを設置し，はかりの上にコンテナが常に載っている状態で重量調整作業を実施した．はかりに重量物が載っている時間が長くなるが，この過程では厳密な重量の精度は求められていないので，消耗品扱いとして安価なはかりを使用してもよい（図 5-3）．その結果，コンテナを持ち上げての運搬作業はなくなり，肉体的負荷は大幅に軽減された．加えて，重量調整時の移動距離も短くなるため作業能率も向上した．

1.3 〈事例 1-3〉素材コンテナの運搬，ひっくり返し作業をなくす

○作業内容

粗処理室から隣りにある仕上げカットの部屋へ，粗カット素材が入ったコンテナを持ち上げて運搬（距離 5m）し，作業台の上にコンテナをひっくり返して粗カット素材をあける．

○問題点

粗カット素材の運搬だけでなく，コンテナを上まで持ち上げ，かつ逆さまにするため肉体的負担が大きい．

○解決策

粗カット素材が入ったコンテナを持ち上げることなく，かつ人力を使わずに隣りの部屋にある仕上げカット作業台脇へ運ぶような機構を構築した．具

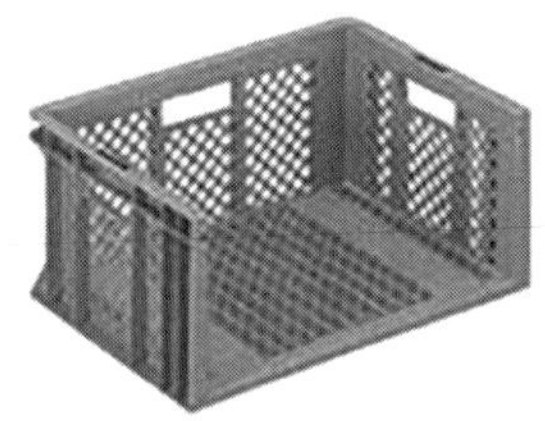

図 5-4 ローラーコンベアと，一側面がオープンな形状のコンテナ

体的には，壁をぶちぬき，ローラーコンベアで両地点を結んだ．さらに，コンテナを逆さまにしてあけずに中身が取り出せるように，一側面がオープンな形状のコンテナを採用した（図 5-4）．この結果，作業員がコンテナを運ぶ時間は従来比の 1/10 と大幅に削減した．

2.　付加価値の低い人手作業を見直す

日常的になされている人手作業の中には，実はほとんど意味をなさない動作があったりします．また，数千～数万円程度と，比較的少額の設備改造によって省力化できるものが多くあります．費用対効果が高く実践しやすい改善を実施することで，創出した時間と経費を有効に活用しましょう．

2.1　〈事例 2-1〉脱水機の蓋押さえ作業の省略

○作業内容

カットした野菜をザルに入れた状態で，大きな脱水機で脱水する．その際，蓋が開かないように 30 秒間，手で押さえている．

○問題点

蓋を人手で押さえる作業自体が付加価値を生まないどころか，安全面上問題（労災の可能性，振動による末梢神経などに対する障害）があり，かつ肉体的負担も大きい．

○解決策

脱水機にロック機構を設置し，人による蓋押さえを不要にした．その結果，脱水中の 30 秒間で新たに他の作業に対応できるので，周囲設備の作業発生点を近づけた．例えば，「キャベツ千切り機へのキャベツ投入→殺菌水→すすぎ水→脱水機→コンテナ収納」という流れであれば，脱水機をかけている間にキャベツの投入などを進められる．脱水機にもキャスターをつけて，柔軟に場所移動ができるようにした（図 5-5）．

図 5-5　脱水機

2.2 〈事例2-2〉かぼちゃの加工手順，レイアウト見直し

○作業内容

かぼちゃを天ぷら用に加工するにあたり，以下の2段階の前処理を1人の担当者が実施していた（図5-6）.

Step1.　スライサー（セットしたらボタンを1回押す）で同心円状に切れ目を入れる.

Step2.　裁断機（手動）で4等分してから，中の種を取り出す.
この後，別の場所でさらに細かくカットされる.

○問題点

① 不要な監視時間:スライサーのスタートボタンを押し，自動で1～2分かけて切れ目を入れていく間，常に担当者は監視しているが，機械のトラブルはほとんど発生していなかった．スライサーの処理が数回終わった後に，担当者は裁断，種取り出しの処理を始めていた.

② 各工程のかぼちゃの混在による取り出し時間のムダ：大きいテーブルの一角にスライサー処理前，スライサー処理後，裁断後，種取り出し後の，各加工段階のかぼちゃが混在していた．探し出す，仕分ける時間で数秒単位のムダが見受けられた.

○解決策

① 監視時間について：作業開始時の最初の1個分は機械の状態確認のために監視することもやむを得ないが，2個目以降は問題がない限り，ス

図5-6　かぼちゃの加工：裁断機（作業員）とスライサー（奥の機械）

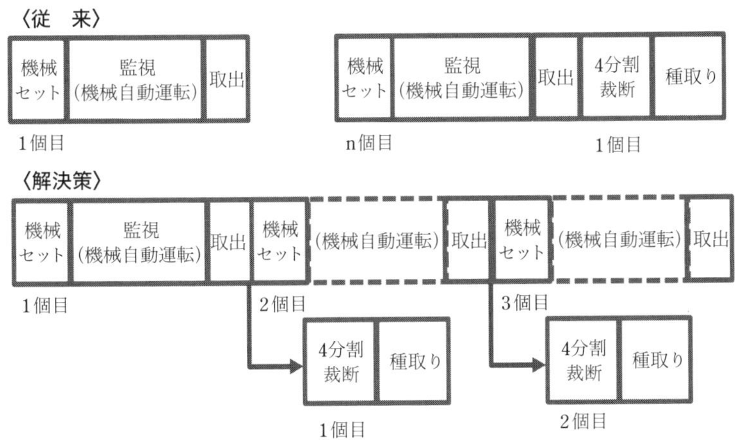

図 5-7　かぼちゃ加工のフローチャート（従来と解決策）

タートボタンを押したら，自動処理中にスライサーで切れ目が入ったかぼちゃに対する裁断と種の取り出しを並行処理する（図 5-7）.

② テーブル上のかぼちゃの混在について：スライサー処理前，処理後のかぼちゃを別のコンテナに入れる．裁断済み，種取り出し済みかぼちゃについては小さいテーブルを活用して（または区画を線で明示），明確に置き場所を区分する．このことにより，各中間処理の在庫が少なくなり，置き場所も少なくて済む.

結果，作業能率は従来に比べて 50%向上した.

3. 備品の適切なサイズを見極める

食品工場では手作業の場合，素材（食品）を中心に，作業台（テーブル）や椅子，包丁やまな板，ざるやコンテナ，はかりなどの道具に囲まれて作業をします．その過程で，求める仕様に素材を加工するにあたり，道具の形状やサイズが必ずしも適切でなく，そのことにより無駄な時間を費やしてはいないでしょうか.

3.1 〈事例 3–1〉白菜のみじん切り工程における道具の見直し

○作業内容

白菜のみじん切り工程において，2つの大きなテーブルに6人の作業員が囲むようなレイアウトでみじん切りをする（図5–8）.

○問題点

① 現状では，テーブルの上にある白菜がなくなったら，全員が作業を中断した．その間，2人で新たに白菜を台の上にあけ，残りの人は手待ちとなるため，能率が低下していた.

② 人とモノの流れを考慮していないため，カット済み白菜の移動時などに，人同士が交錯してムダな時間が発生していた.

○解決策

問題点①に対しては, 材料供給, かつ処理済み材料の搬出に必要な最小限の人員以外の作業中断を防止する．問題点②に対しては，動線をシンプルにすることを目的に，図5–9のようなレイアウトへ変更することを提案した．レイアウトの概要は以下の通りである.

・大きなテーブルを廃止し，個人が作業できる大きさのテーブルを人数分準備し，一列に配置する.

→テーブルは折り畳みできるタイプが望ましい．なぜなら, 処理量, スピー

図 5–8　白菜みじん切り工程

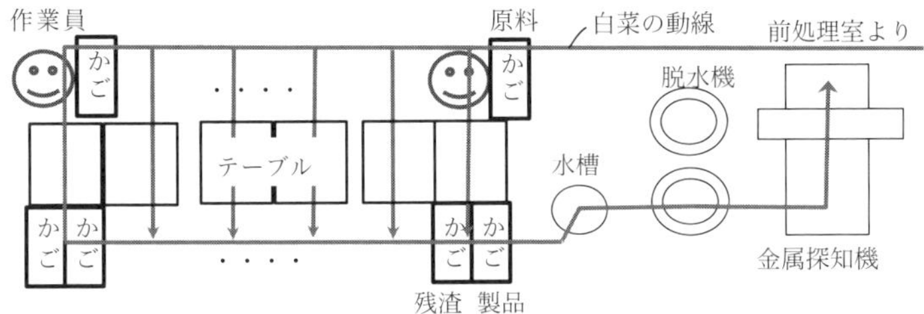

図 5-9 白菜みじん切りのレイアウト（解決案）

ドに応じた適切な要員配置，占有面積の最適化が図れるからである．

・作業員は同じ向きに並び，以下の流れで作業する．

→作業員の脇にあるかごから，白菜を各自必要な時に，必要な量だけ取り出す．（作業休止時間が削減し，作業能率が向上する．かつ動作点が近いため，取り出しの時間が短くて済む．）

→テーブルの上でカットする．

→カット済み白菜をテーブルの対面にあるかご（テーブルと同じ高さ）へあける．

・前後するカット用素材供給，カット済み白菜後処理（すすぎ（水槽），脱水機，金属探知機）の担当者については，a) カット作業員各自が取り込む，b) 別途，それらを専門に対応する作業員を 1 人配置するかを，状況に応じて選択する．（素材の流れは，前後工程も考慮すると反時計回りに整流化されるため，移動時間が短くなる．）

以上のような改善を現場へ導入した結果，従来に比べ白菜みじん切り工程の効率が 25％向上した．

3.2 〈事例 3-2〉豆選別装置の段取り時間短縮

○作業内容

大豆や小豆など，豆類の土などの不純物の除去，豆の欠け，割れなどの除去を行い，大きさでの選別を行う装置の改善例である．大きさの選別を行うために，豆の種類やお客様の要望に応じて，フィルタになる網を入れ替える作業が発生する．いわゆる豆の種類，ロットによる切り替えを行っている．

○問題点

お客様の要望が少ロットになってきており，網の入替作業はたびたび発生している．そのような中で，入替作業は23ステーションの段取りがえを平均2.7時間かけて行ってきた．長い歴史があり，品質保証のためにも，そのような時間が必要と作業員の方は思われてきた．

○解決策

生産性向上を計るための改善を行う前提として，従業員の自律化が必要である．そのため，製造人材の育成からスタートした．トータル工場改善のカリキュラムに基づき，全員参加による活動を行った．

お金をかけない改善をベースに，実践作業改善を選別ラインの更新で行ってきた．ここでは，IE（インダストリアルエンジニアリング）手法の説明を行った．実際の改善活動では，作業を動画にとり，時間観測を行い，ムダな作業や外段取り化ができる作業，改善ができる作業について，熱心な討議を行った．その中で段取り替えの改善が即，実行できた．

それは，篩（ふるい）選別機の網の交換の改善で，まず手締めの作業をエアーレンチを使用した．また，製作したガイドを使って，位置決めを短時間でセッティングできるようになった．そのため，この部分だけでも，14分38秒を9分15秒に改善できた．

(a)　エアーレンチの使用

(b) 製作ガイド使用

図5-10　豆選別装置の段取り時間の短縮

3.3 〈事例 3–3〉袋詰め作業見直しによる要員削減

○作業内容

加工された肉のそぼろを所定の量に計り，袋詰めをする工程である．二人が次のような分担で作業をしている．

・1人目：そぼろを大きなカップですくってから秤に乗せて計量する．それを繰り返し，所定の重量に調整する．

・2人目：調整されたカップを受け取り，治具を介して袋へ注ぐ．（事前に袋を治具にセットしたり，注いだ後の袋を治具から外す作業も伴う）

○問題点

作業の非効率な部分を洗い出した．

① 計量と袋詰め作業を分離しているため，サイクルタイムが短い1人目（計量担当）では時折待機時間が発生している．

② 1人目（計量担当）の分量作業が緩慢である（上記待機時間がある故，効率的に動いていない）．

③ 2人目（袋詰め担当）が材料を袋へ注ぐときに，材料が治具に詰まりやすい．

④ 2人目（袋詰め担当）が袋を治具へ着脱する時間がかかってしまう，

図 5–11　従来の袋詰め作業（左：計量，右：袋詰め）

図 5–12　袋詰め作業（改善後）

○解決策

問題点の①，②については，袋詰め作業を秤の上で計量しながらするアイデアが浮かび，実践することになった．このような，「作業の連結」によって，2人作業から1人作業が可能になった．

問題点の③，④については秤の上で計量するときの安定性も鑑みて，袋を注ぐ治具を，従来の先端が鋭い形状の漏斗から，先端が広い（途中からは平行になるため秤の上でも自立する）形状へ切り替えた．材料が治具に詰まることが無く，かつ袋の治具への着脱時間が短くなったことにより，袋詰めの正味時間も若干従来よりも短縮された．

最終的に袋詰め作業にかかるサイクルタイムは，1個あたり20%増えたものの作業員が半減したため，所要工数は従来に比べ40%減少した．

4.　類似作業の重複を見直す

食品工場の製造過程の中で，品質にかかわる項目，具体的には異物混入や形状不良，重量については，複数の箇所でチェックしていることが多いようです．そのためチェック自体が必要以上に過剰になり，かえって作業能率を低下させていることはないでしょうか．

4.1 〈事例 4–1〉仕掛品の秤量基準見直し（キャベツのカット処理 I）

○作業内容

キャベツのカット処理で，仕上げカット終了後のみならず，中間工程である粗カット終了後もすべてのコンテナで秤量していた（秤量には作業員がコンテナを持ち上げて運搬する）．これは，中間品の歩留りを確認することで，素材であるキャベツの性状を確認するとともに，仕上げカット処理後の重量を予測するためであった．

図 5–13 に，作業のフローチャートを示した．

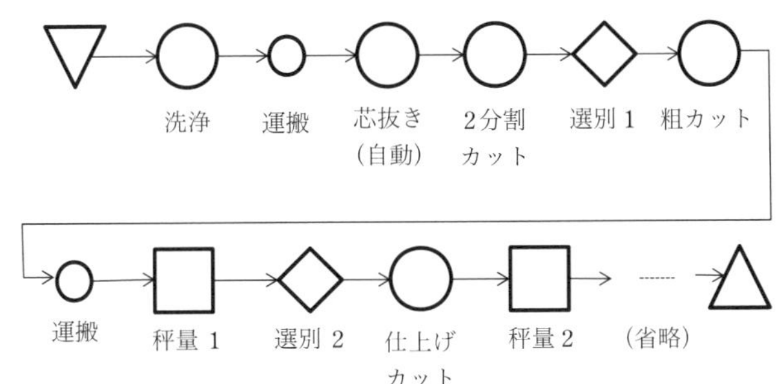

図 5–13 キャベツカット処理のフローチャート（従来）

○問題点

カットする作業基準が整理されているならば，同一ロット（原料の産地，ルート）におけるキャベツ粗カット後の歩留りはコンテナ間でばらつきが小さいと考えられるので，粗カット終了後の全コンテナ秤量（図 5–10 の「秤量 1」）は不要と考えられる．

○解決策

粗カット終了後は，同一ロット内で最初のコンテナのみ秤量するように改めた．その結果，秤量の頻度が削減したため処理時間は短縮しただけでなく，使用するはかりの数が少なくてすむようになった．

4.2 〈事例 4–2〉キャベツの選定基準，頻度見直し（キャベツのカット処理 II）

○作業内容

キャベツのカット処理で，芯を抜いて2分割した後に外葉を選別したうえ粗カットを終了し，仕上げカットに入る前にもう1回外葉を選別していた．選別はいずれも目視により，鮮度の低い，痛んでいる外葉を除去するものであった．

○問題点

2段階で選別することにより，不良品を高い精度で除去したいことは理解できるが，選別が過剰になり，必要以上に廃棄している可能性があると考えられる．加えて，同一処理を分散させることで責任が不明確になり，作業能率的にもムダな時間が発生していることが推測される．

○解決策

外葉の選別を，仕上げカットに入る前の1回のみにした．責任箇所を明確にすることにより，不良品除去の精度は高まることが期待できる．加えて，トータルの処理時間は短縮され，能率は向上した（図5–14）．

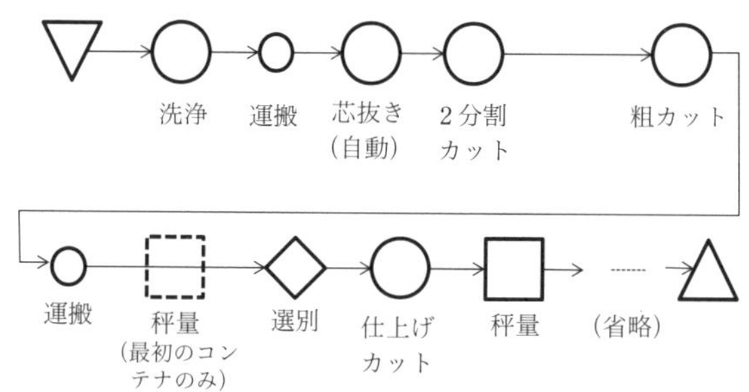

図5–14　キャベツカット処理のフローチャート（事例4–1，4–2の改善後）

5. 作業分担を見直す

一連の作業においては，1人の作業員が複数の作業を担当していることもあれば，各々の作業を複数の作業員が受け持っている場合もあります（図5–15）．

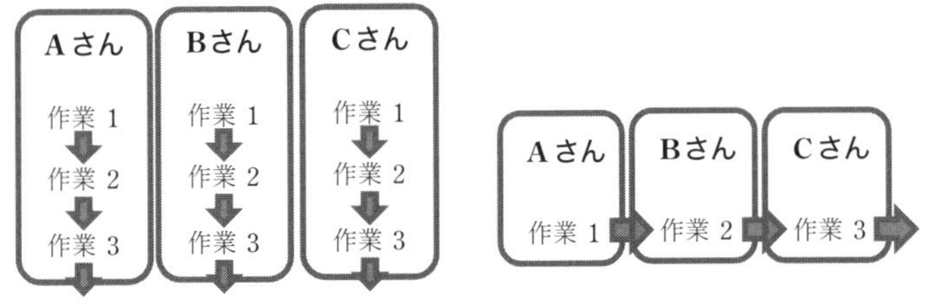

図 5–15 作業分担―どちらが多く生産できるか？

作業員が処理しやすく，かつ作業能率がよい作業分担を再構成してみる余地はないか，今一度見直してみてはいかがでしょうか？

5.1 〈事例 5–1〉かきあげセットの分担見直し

○作業内容

予めカットされた人参，玉ねぎ，長ねぎを一定量ずつ袋に詰めて，かきあげセットを作る．図 5–16 のフローチャートに示す通り，5 人の作業員で分担していた．

○問題点

① 人参，玉ねぎ，長ネギをそれぞれ別々の作業員が袋詰め，秤量をしていた．そのため，担当者間でその都度袋を持つ，置く作業が発生し，動作のムダになっていた．加えて，仮置きが人数分発生し，他のテーブルに運搬するムダまで発生していた．

② テープ口閉め後，別の担当者が再度別の袋（外袋）に入れて，テープ口閉めをしていた．袋詰めと同様，動作のムダ，運搬のムダが発生していた．

○解決策

問題点①については，A さん，B さん，C さんの担当部分を 1 人が受け持ち，セル生産に準じた作業形態にした．導入に際しては，一連の作業でムダな移動が生じないように道具や食材のレイアウト上の工夫が必要だが，一度持った袋は離さないようにすることで，無駄を省くことができる（図 5–17）．

問題点②についても，類似作業が繰り返される D さん，E さんの担当部分

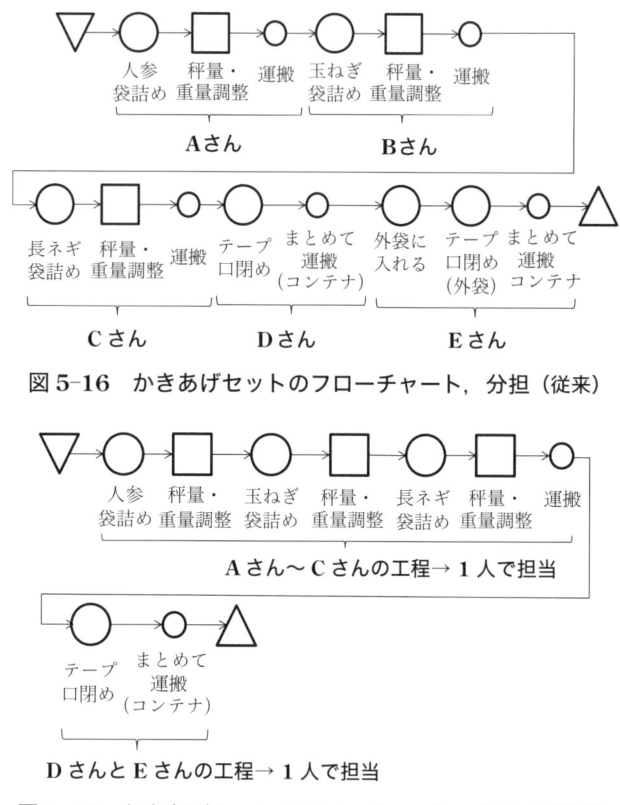

図5-16　かきあげセットのフローチャート，分担（従来）

図5-17　かきあげセットのフローチャート，分担（改善後）

を1人で受け持つようにした．さらに，袋の種類を変える，輸送コンテナを見直すことにより，袋を2枚使用するところを1枚に削減できれば，大幅に作業量と経費を削減できる．

6.　適切な作業標準を設定・運用する

食品製造業では，今でも人手作業に頼る部分が多いのですが，作業の進め方を見てみると，人によって千差万別であることがよくあります．仕様を満たし，かつ能率が良い道具の持ち方，置き方，作業の進め方を全員参加で見直してみましょう．そして，適切なものを作業標準として，設定・運用しましょう．数

表 5–1 キャベツ仕上げカット手順

	A さん	B さん	C さん	D さん
コンテナの位置	(人から見て)左側	(人から見て)右側	(人から見て)右側	(人から見て)右側
手順 1	1/2 から 1/4 にカット			
手順 2	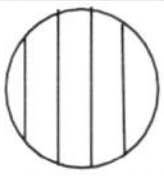 左のキャベツを上から縦にカット	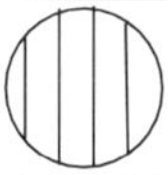 左のキャベツを上から縦にカット	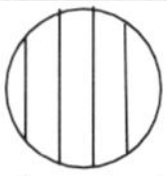 左のキャベツを上から縦にカット	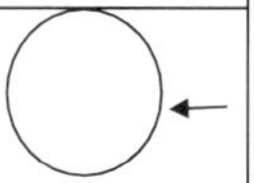 左のキャベツを右側から水平にカット
手順 3	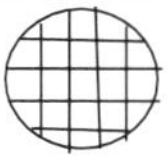 左・90 度回転後,上から縦にカット	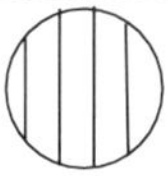 右のキャベツを上から縦にカット	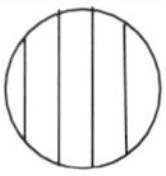 右のキャベツを上から縦にカット	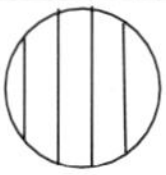 左のキャベツを上から縦にカット
手順 4	カットしたものをコンテナへ投入	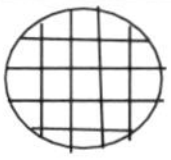 左・90 度回転後,上から縦にカット	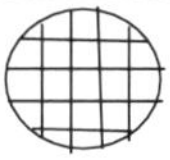 左・90 度回転後,上から縦にカット	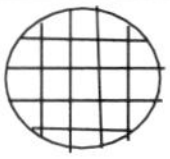 左・90 度回転後,上から縦にカット
手順 5	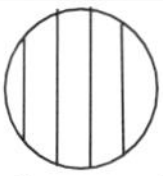 右のキャベツを上から縦にカット	カットしたものをコンテナへ投入	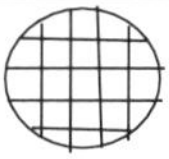 右・90 度回転後,上から縦にカット	カットしたものをコンテナへ投入
手順 6	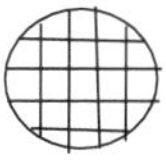 右・90 度回転後,上から縦にカット	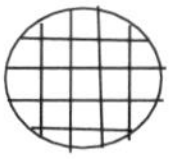 右・90 度回転後,上から縦にカット	カットしたものをコンテナへ投入	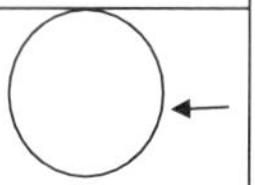 右のキャベツを右側から水平にカット
手順 7	カットしたものをコンテナへ投入	カットしたものをコンテナへ投入		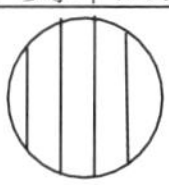 右のキャベツを上から縦にカット
手順 8				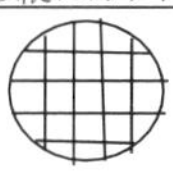 右・90 度回転後,上から縦にカット
手順 9				カットしたものをコンテナへ投入

秒単位の時間短縮でも，それらが積もり積もって大きな削減効果を生み出します．加えて，能率が良い作業とは，体に変な力が入っていないため，肉体的な疲労を軽減する効果もあります．

6.1 〈事例6–1〉キャベツの仕上げカット手順の標準化

○作業内容

予め，1/2にカットされたキャベツを4〜6人の作業員が包丁で細かくカットしていく（表5–1）．

○問題点

キャベツを1/4個から分割するカットの進め方，およびコンテナへの加工物の入れ方が人によってまちまちであった．加えて，コンテナの置き位置や端材の処理方法，タイミングについても人によってばらばらであった．

○解決策

作業員全員参加で，最も作業効率が良い道具の持ち方，置き方，作業の進め方を見つけ出した．具体的には，ビデオで作業員全員の作業を撮影，所要時間を計測して，最も効率のよい動き（逆にいえば，どれがムダな動きにつながるか）を確認し，作業標準として設定・運用した．このような作業標準があれば新人が加入した際にも，試行錯誤すること，効率の良い作業の動きを教えることができる．

6.2 〈事例6–2〉和菓子店で，あんこの盛り付け量を設定して黒字化

○作業内容

和菓子スィーツの販売をしている会社で3店舗を運営している．本店で，集中的に素材をつくり，各店舗でそれをつかって器にデコレーションする方法で運営している．

○問題点

どういうわけか，1店舗だけ，どうしても利益がでないとか，よくても，とんとんだということになる．特に，従業員の働きが悪いわけでもなく，売上規模も3店舗とも似たようなものである．

○解決策

外部の専門家に3店舗をみてもらった．そうすると，簡単な作業ということで，作業について作業標準書（手順書）がないことに気が付いた．昔からの老舗として，材料も決まっているし，盛り付けの工夫も，代々伝えられてきているので，社内ではそのような文書が必要と感じていなかった．しかも，あんこはこだわりのもので，高額な素材を使っていて，大きな材料費がかけられていた．よく調べてみると，赤字の店舗は，他の店舗より，あんこの盛り付けが多いことがわかった．そこで図5–18にあるような道具を使って，定量で盛り付けができるように変更した．あんこの盛り付けを計量すると，利益がでる店舗に変わったのである．

図5–18　誰でも定量であんこを盛り付けられる道具

7. 動線を整理する

一連の作業の中で，道具や設備などが機能的に配列されていないために，人や製品・仕掛品の流れがしっくりしていないことはありませんか．動線が乱れていることで，移動距離がムダに長く，余計な移動時間や肉体的疲労をもたらす，作業工程が異なる作業員同士がぶつかりそうになることで食品の汚染や異物混入リスクが増大する，などの問題が生じます．このようなときには，機械や機器の配置を替える，可動式にするなどして，直線に近いシンプルな動線を追求してみましょう．

7.1 〈事例7–1〉人参のイチョウ切り，検査工程の動線見直し

○作業内容

以下の作業手順を，5人の作業員で実施していた（図5–19）．作業レイアウト，作業員の役割分担は図5–20，表5–2の通りであった．

・スライサーで人参をカット

図 5–19　人参のイチョウ切り工程

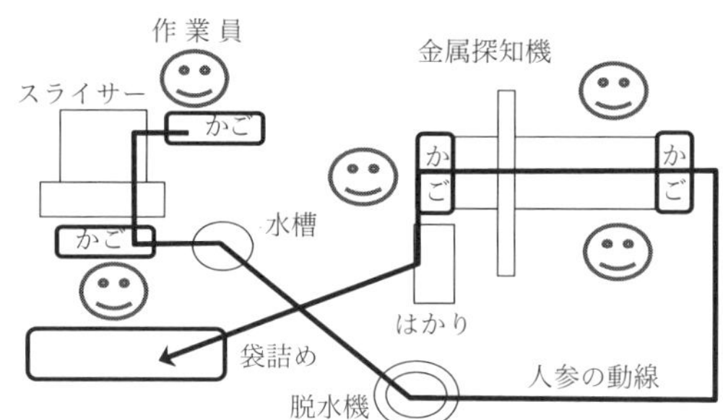

図 5–20　人参のイチョウ切り工程レイアウト

表 5–2　作業員の配置場所と作業内容

作業員の配置場所	作業内容
スライサー入側	スライサーに人参供給
スライサー出側	スライス済み人参の形状確認，水洗，脱水
金属探知機入側 1	金属探知機に投入，形状確認
金属探知機入側 2	金属探知機に投入，形状確認
金属探知機出側	探知機アラーム時対応，計量，袋詰め

・水槽でカットした人参を洗う
・脱水機にかける
・金属探知機にかけて異物，形状不良品を取り除く
・秤量する
・コンテナの中で袋詰めする

○問題点

・一連の動線が 8 の字を書いたように交錯していた．そのため，交錯部に近いスライサーでカット済みの人参を持って移動する距離が長くなっていた．さらに，水洗作業員と計量・袋詰め作業員の動きがぶつかり，移動時間のロスが生じるとともに，異なる工程の人参が混入する可能性があった．
・5 人の要員のうち 3 人の主業務が形状監視であった（スライサー出側 1 人，金属探知機入側 2 人）．形状は重要な要素だが，無数のカット片を確認することには限界がある．そこに 3 人を配置しても，1 人配置した場合の 3 倍どころか 2 倍も検出精度がないと思われた．

○解決策

表 5-3 のような改善策を提案した．

・レイアウトを変更し，機動性の向上，および要員の非効率性を解消した．また，図 5-21 のように，直線的にモノが流れるレイアウト配置に変更し，各工程間の距離を短くした．要員配置については，従来，水洗と脱水はスライサー停止中，計量と袋詰め作業は金属探知機停止中の作業なので，スライサー，金属探知機の同時稼働時における最適要員を検討すると，スライサー入側，金属探知機入側，金属探知機出側の 3 人で対応可能と考えられた．形状の目視確認は，基本的に金属探知機入側の作業員が対応し，スライサー出側の状況を確認したいときは，一時的にスライサー入側の作業員がスライサーを停止するか，金属探知機入側の作業

表 5-3　問題点に対する改善の視点と対策

改善の視点	対策
機動性向上，非効率性見直し	レイアウト（要員配置）変更
形状ばらつき抑制	使用材料，部位見直し

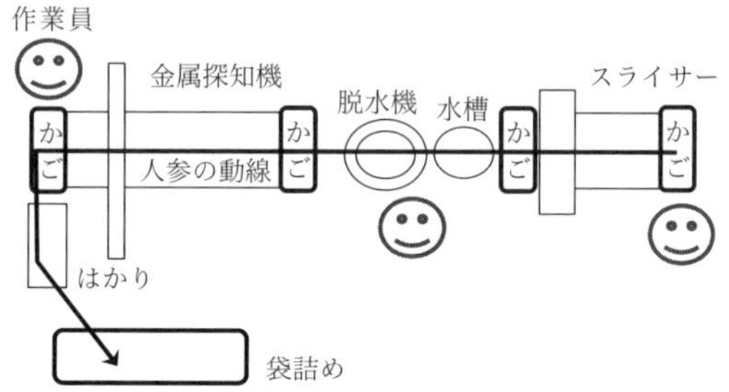

図5-21　人参のイチョウ切り工程レイアウト（改善後）

員が移動して対応するようにした.

効果として，労務費削減（5−3=2人分）に加え，動線の錯綜に起因する能率ロスが抑制された．さらに，監視責任が明確になり，従来に比べ検出精度もほとんど低下しなかった.

・監視負荷を軽減する別の手段として，人参の部位や材質を見直すことで形状のばらつきの抑制を図った．現状は，人参の先端から根元までかなり広い範囲をスライサーにかけており，その時点で径のばらつきがあった．そのばらつきを抑えるために，①オーダーで指定される径，および人参の大きさに応じてスライサーにかける範囲を限定する，②現状のB品ではなくA品を使用することを検討することを提案した.

7.2 〈事例7-2〉カニの仕上げ梱包工程の動線見直し

○作業内容

カニの足を揃えて容器（発泡スチロール）に詰め，以下の工程を経て商品として整えた状態にして，冷凍庫へ入れる．作業レイアウト，作業員の役割分担を図5-22に示した.

①パレットで運搬

②コンベアに載せて，フィルム包装

③化粧箱（段ボール）に容器を詰める

④台車に載せてまとめて運搬

⑤自動梱包機にてバンドがけ

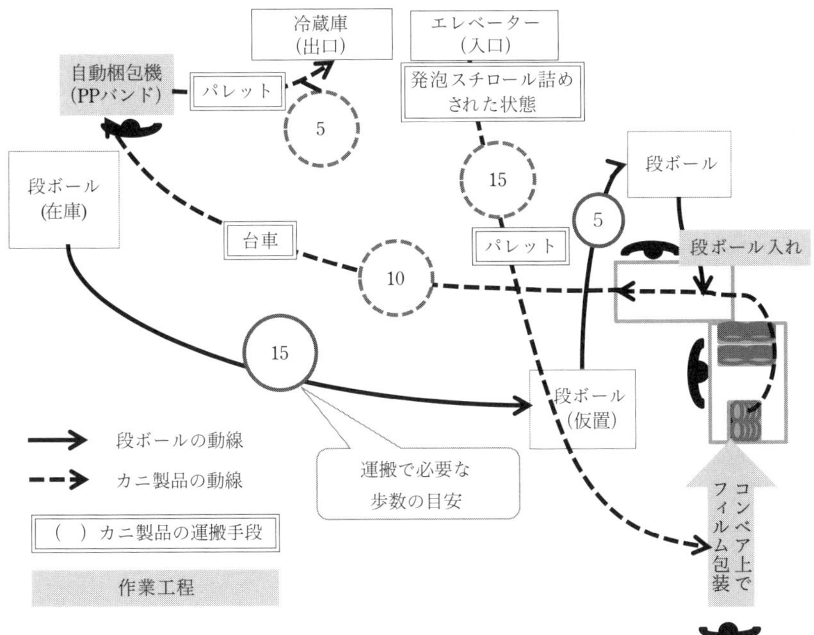

図 5-22 カニの仕上げ梱包工程レイアウト（従来）

⑥パレットでまとめて運搬し，冷凍庫へ入れる

○問題点

・カニ製品の動線が交錯していた．また，お互いの動作発生点が離れているため，工程間の移動に時間を要するだけでなく，衝突回避のためにも時間のムダが生じていた．さらには，衝突による製品や容器ロスのリスクが考えられた．

・事前に段ボールを大量に組み立ててしまうため，2 箇所（図 5-22 の「段ボール（在庫)」と「段ボール（仮置)」）でムダなスペースを生んでしまっていた．また，組み立てた状態で長時間空箱を置いておくことにより，虫やほこり，ごみなどの異物が中に蓄積，混入するリスクが高まる．さらには，積み上げ動作や，高く積み上げた段ボールの運搬でムダな時間が発生していた．

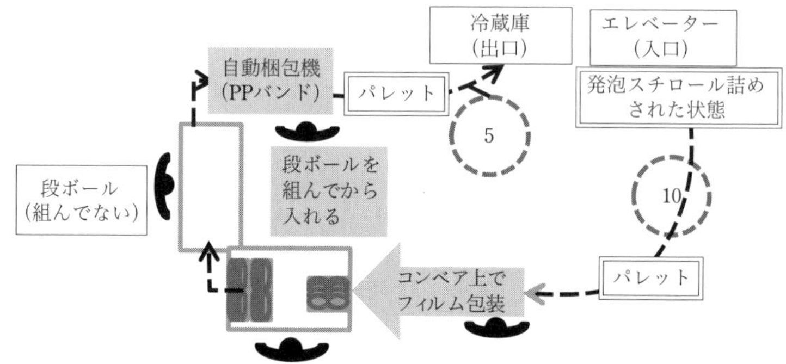

図 5-23　カニの仕上げ梱包工程レイアウト（改善後）

○解決策

・工程間の作業発生点を隣接させ，時計回りに手渡しで製品を渡していけるような作業レイアウトに改造した(図 5-23)．その結果，エレベーター出口からフィルム梱包の入口までのパレット搬送で，15－10＝5 歩短縮された．さらに，段ボール入れ～自動梱包機まで従来要していた 10 歩の台車による移動が不要となった．

・大量に事前に組み立てていた段ボールについては，入れる直前に 1 個ずつ組み立てる方式に改めた（図 5-24）（段ボール組み立て自体は複雑ではなく，一連の工程でほとんど遅れないことを確認し，実施した)．その結果，事前に組み立てた後の積み上げ動作や，高く積み上げた段ボールの運搬時間が不要になった．加えて，作業自体が少ないスペースで実施できるようになり，高く積み上がった段ボールの在庫がないせいで，さっぱりした．

※効果試算

前提：250 箱製造，1 歩あたり 0.6sec 所要

パレット搬送：1 日 5 回（1 回につき 50 箱搬送）

台車搬送：1 日 14 回（1 回につき 18 箱搬送）

空段ボール運搬：1 日 14 回（1 回につき 18 箱搬送）

パレット搬送の短縮効果　(15－10)×5×0.6×2＝30(sec)

台車輸送の省略効果　10×14×0.6×2(往復)＝168(sec)

空段ボール運搬の省略効果(15＋5)×14×0.6×2(往復)＝336(sec)

あわせて，30＋168＋336＝534(sec)の短縮が期待できることになる．

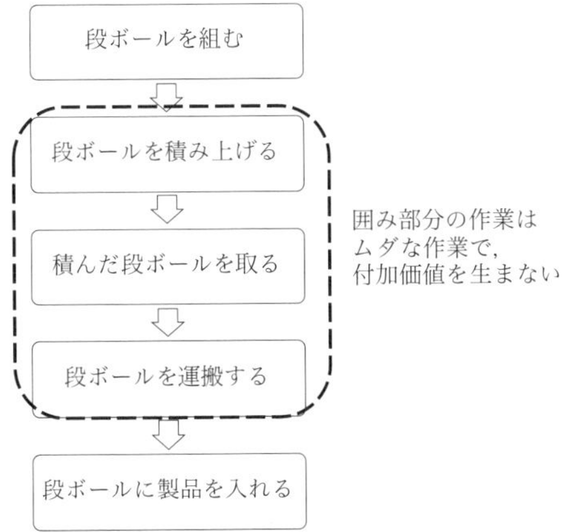

図 5–24　付加価値を生まない作業

8. 適切な機械の導入や作業実態を見直して，作業時間の短縮を図る

8.1 〈事例 8–1〉和菓子製造における自動機械の導入と生産性向上

○作業内容

和菓子製造会社のメイン商品である，最中の製造におけるフローチャートを図 5–25 に示す．1 ロットを現状 3 日間かけて，6 人の要員で一連の工程を仕上げている．

○問題点

2 日目の③－⑧は流れ作業になるが，サイクルタイムを比較すると，⑦脱酸素材の同梱，⑧包装フィルムのシールが 6.0sec/ 個と他工程のサイクルタイム 4.0sec/ 個に比べて長く，ボトルネックになっている．製造リードタイムが長くなることは，菓子の大気への接触時間が長くなることにもつながり，日持ちも短くなる．

○解決策

ボトルネックである従来工程の⑦脱酸素材の同梱，⑧包装フィルムのシー

スケジュール		総所要時間(時間)	製造工程	所要時間(秒／個)	設備	要員
1日目		2時間	①餡練り		餡練り機	1名
2日目	9：00	1時間	②餡の分割	Max 1.0	包餡機	1名
	↓	4時間	③下の皮に餡詰め	4.0	—	1名
	↓		④上の皮乗せ	4.0	—	1名
	↓		⑤はみ出し餡の処置	4.0	—	1名
	14：00		⑥包装フィルム詰め	4.0	—	1名
	9：00	6時間	⑦脱酸素剤の同梱	6.0	—	1〜2名（1人配置移動）
	16：00		⑧包装フィルムのシール	6.0	包装機(手動)	
3日目	9：00	4時間	⑨検査	16.0/4名＝4.0	—	4名
	↓		⑩検査票貼付け		—	
	14：00		⑪箱詰め		—	

図 5-25　最中の製造工程，要員配置（従来）

スケジュール		総所要時間(時間)	製造工程	所要時間(秒／個)	設備	要員
1日目		2時間	①餡練り		餡練り機	1名
2日目	9：00	1時間	②餡の分割	Max. 1.0	包餡機	1名（1名配置移動→⑨）
	↓	4時間	③下の皮に餡詰め	4.0	—	1名
	↓		④上の皮乗せ	4.0	—	1名
	14：00		⑤はみ出し餡の処置	4.0	—	1名
	10：00	3時間	⑥包装フィルム詰め	3.0	—	1名
	↓		⑦脱酸素剤の同梱	Max. 1.2	自動包装機	（5名配置移動→⑩⑪）
	↓		⑧包装フィルムのシール			
	↓		⑨検査	3.0	—	1名
	14：00	2時間	⑩検査	10.0/5名＝2.0	—	5名
	16：00		⑪箱詰め		—	

図 5-26　最中の製造工程，要員配置（改善後）

ル，および⑩検査表貼り付け作業について，自動包装機を導入することで自働化を実施する．

改善後の工程を図 5-26 に示す．具体的には，入側で最中と脱酸素材を併せてコンベアに乗せ（前工程⑥），自動梱包機では，賞味期限などを印字したフィルムを供給しながら包装する．出側では，梱包された半製品を受け取り，検査場所へ運ぶ．なお，自動梱包機自体のサイクルタイムは Max. 1.2 sec/ 秒であり，ボトルネックが解消される．

作業全体では，流れ作業で実施していた③－⑨について，サイクルタイムは 4.0 sec/ 個へ短縮された（従来の生産性 50% up）．その結果，1 ロットにおいて従来では，時間的に次の日にまわしていた⑩検査，⑪箱詰めの工程を 2 日目のうちに完了することが可能となった．

8.2 〈事例 8–2〉包装フィルム切替方法変更による段取り時間短縮

実際の製造作業では段取りと実作業に分かれますが，実質は付加価値を生み出さない段取り作業を見直し，短縮が図れないか検討してみましょう．

○作業内容

卵焼き製造会社では加工された製品をフィルムで包装をし，出荷している．当然ながら製品ごとにフィルムが異なるため，包装工程においてもフィルム切り替えの，段取り替えが発生する．フィルムの自動包装機は多数のロールから構成されている．

○問題点

従来，フィルムの段取り替えでは，前に使用していた製品のフィルムを交換機から完全に取り出してから，新たに使用する製品のフィルムを入側に装入していた．その後，フィルム先端を図のように何本ものロールの間を手動

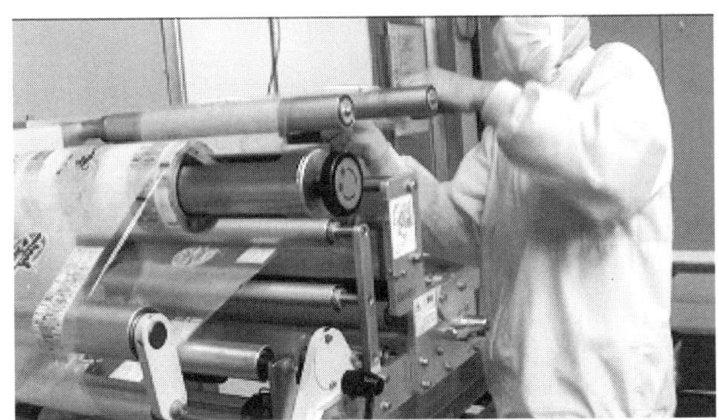

図 5–27　フィルム先端をロールの間に通す作業（従来）

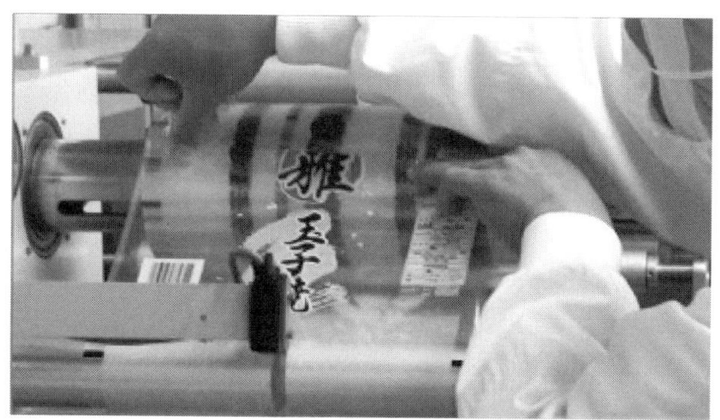

図5-28　異なるフィルムをテープで結合（改善）

で通して，製品の供給口まで持ってきていた．この作業は，ロールの間隔が狭く，複雑に組み入っているため熟練を要するうえに時間も3分程度要していた．加えて作業自体が安全とはいえなかった．

○解決策

フィルム先端を何本ものロールの間を手動で通して，製品の供給口まで持ってくる作業を無くすべく，段取り替えにおいて以下の手順で実施することにした．

① 前に使用していた製品のフィルムについては，交換機から完全には取り出さない．尾端部であるロールの間に残っている部分だけを自動包装機に残す（具体的には，はさみでカットしてからフィルム本体を抜き出す）．

② 新しく使用する製品のフィルムを装入し，フィルム先端と前に使用していた製品のフィルム尾端をテープで一時的に結合する．

③ 連結した状態で前進させ，新しく使用する製品のフィルム先端が製品の供給口まで来たら，結合部をカットする（段取り替え完了）．

改善によって，作業時間は1分30秒と半減されると共に安全性が確保された．

9. 工場収益の向上

9.1 〈事例 9–1〉すべての個別製品のコストの内訳を把握する

○作業内容

関西地区にある惣菜メーカの事例である．立地として大阪にあるということで，関西周辺の中小のレストランなどを中心に，お客様へ素材を提供している．カレールーから，ピザパイなど，製品は多岐にわたっている．

○問題点

このような恵まれた環境ではあるが，競争も厳しく，なかなか利益がでない工場であった．というより，連続して赤字続きの工場で工場長をはじめ，幹部で知恵を出し合い，いろいろ改善を試みたが，結果的に赤字を脱出できなかった．

○解決策

なぜ赤字になるか，わからないことが，まず問題で，専門家にアドバイスを受けることになった．

結果，次のことがわかった．

① 個々の製品が，赤字か黒字かがわからないこと．

② 赤字とわかっても，どうすることもできないと思われていること．

③ 工場の作業改善がまったく行われておらず，作業にムダが多いこと．

まず，①についての取り組みを行った．すべての製品を個別に原価計算をしたのである．

驚くことにほとんどすべての製品が赤字，または損益トントンであった．そこで，すべての製品を次のように分類した．

つまり②についての取り組みである．専門家のアドバイスで，すべての製品の価格交渉をしなおすことにした．価格アップして利益が確保される製品，価格アップができなければ撤退する製品，黒字ぎりぎりだが継続する製品，戦略的に継続する製品と分けた．価格交渉をしてみると，ほとんどが，アップすることができた．やってみるものです．

一方，仕入も，同時に価格交渉を行った．長い付き合いの会社様が多く，信頼してきたこともあり，これまでは価格交渉をまったくやることは考えていなかったが，インターネットの仕入価格情報を集めて，それとの比較で仕入れの価格交渉を行った．すると，多くの仕入れ価格ダウンが実現した．まったく，目からうろこである．

③は，工場のムダについて，それまでまったく関心がなかったといってよい．現場では，一生懸命に仕事をしていればよい，ということで「改善」などは思いもよらなかった．

現場での作業改善について，まず勉強会から始め，そして，いくつかの改善をみんなでおこなって現状についての認識を共有した．その中で成功した象徴的な改善は，ピザの製造を流れ作業であったものを「セル生産」に切り替えたことだ．7名で流れ作業を行ってきたものを，全員が長い工程を一人でやるセル生産に切り替えた．セル生産へ切り替えるには勇気が要ったが，やってみると5名で，同じ作業量がこなせた．

以上のように，ものづくりの基本をしっかり押さえると，工場の収益が確保できることがわかった．

第6章　食品企業を取り巻く環境の変化と市場を切り拓くイノベーション

1.　コロナ禍で大きく変化した食品市場

1.1　コロナで顕在化したこと

2019年12月中国武漢で発生した新型コロナウイルスが，瞬く間に世界を席巻しました．全世界で2022年4月では累計感染者数約5億人，死者数約600万人を数え，日本では感染者数約780万人，死者数3万人弱となっています．海外では都市封鎖が次々と実行され，世界で国境を越えた渡航は禁止されました．その後ワクチン接種が行われ，治療薬も登場しましたが，今後についてはまだまだ予断を許さない状況です．

この間，感染防止という観点から様々な対策が取られ，社会のしくみ，庶民の生活は激変しました．日本では2020年4月から「緊急事態宣言」や「まん延防止等重点措置」が，各地で繰り返し発令されました．

その主な内容としては，飲食店の営業自粛，テレワークと不要不急の外出を控えるというもので,「新しい生活様式」として意識改革と行動変容が求められました．こうしたことから「巣ごもり需要」なる用語も生まれ，食品市場にも

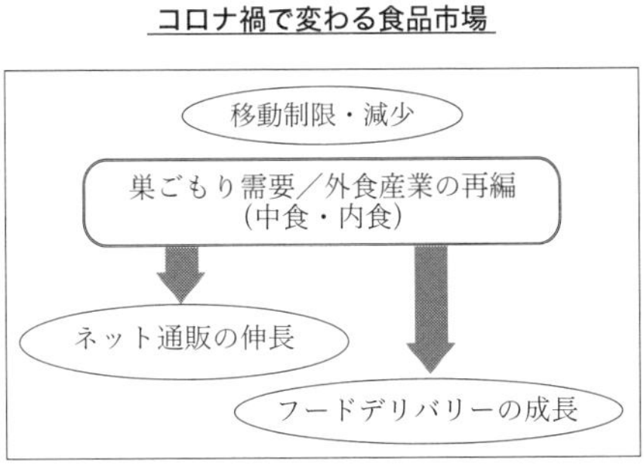

コロナ禍で変わる食品市場

移動制限・減少
巣ごもり需要／外食産業の再編
(中食・内食)
ネット通販の伸長
フードデリバリーの成長

図6-1　コロナ禍で変わる食品市場

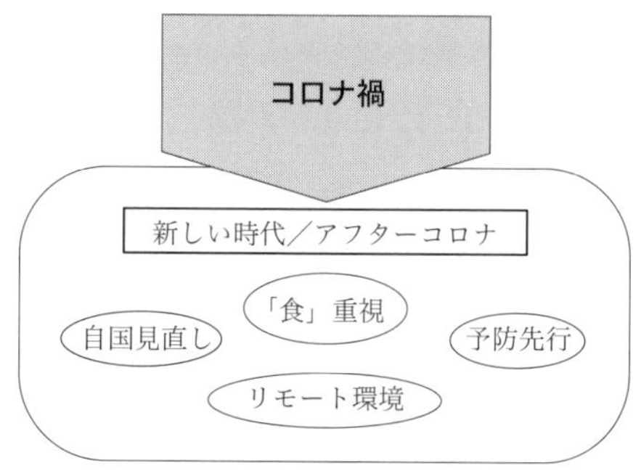

図 6–2　コロナ禍での顕在化

大きな影響を与えました．

1)　社会の構造的変化と新しい時代

コロナ禍は，当初たまたまの災難ともみられ，「いつ元の生活へ戻るのか」との問いかけが行われましたが，感染が長期にわたったこともあり，「戻る」のではなく「変わった」として考えることが必要になりました．

「新しい生活様式」ということが政府主導で進められました．生活だけではなく，あらゆる活動が新しい状況に，否応なく適応せざるを得ませんでした．そして従来からはらんでいた矛盾と改革の芽が一気に顕在化したというとらえ方もできます．

その象徴的なものが，テレワークの急速な普及でした．ビジネスマンの多数が，在宅勤務に移行し，出社をしなくても「仕事が回る」システムが一定程度定着しました．こうなると田舎暮らしも可能であり，都市部から地方への人口移動の兆候も見られました．

（1）一人ひとりの基本的感染対策

感染防止の3つの基本：①身体的距離の確保，②マスクの着用，③手洗い

□人との間隔は，**できるだけ2m（最低1m）**空ける．
□会話をする際は，可能な限り**真正面を避ける**．
□外出時や屋内でも会話をするとき，**人との間隔が十分とれない場合は，症状がなくてもマスク**を着用する．ただし，**夏場は，熱中症に十分注意**する．
□家に帰ったらまず**手や顔を洗う**．
人混みの多い場所に行った後は，できるだけすぐに着替える，シャワーを浴びる．
□**手洗いは30秒程度**かけて**水と石けんで丁寧に**洗う（手指消毒薬の使用も可）．

※　高齢者や持病のあるような重症化リスクの高い人と会う際には，体調管理をより厳重にする．

移動に関する感染対策

□感染が流行している地域からの移動，感染が流行している地域への移動は控える．
□発症したときのため，誰とどこで会ったかをメモにする．接触確認アプリの活用も．
□地域の感染状況に注意する．

（2）日常生活を営む上での基本的生活様式

□まめに**手洗い・手指消毒**　□咳エチケットの徹底
□こまめに換気（エアコン併用で室温を28℃以下に）　□身体的距離の確保
□**「3密」の回避（密集，密接，密閉）**
□一人ひとりの健康状態に応じた運動や食事，禁煙等，適切な生活習慣の理解・実行
□毎朝の体温測定，健康チェック．発熱又は風邪の症状がある場合はムリせず自宅で療養

（3）日常生活の各場面別の生活様式

買い物

□通販も利用
□1人または少人数ですいた時間に
□電子決済の利用
□計画をたてて素早く済ます
□サンプルなど展示品への接触は控えめに
□レジに並ぶときは，前後にスペース

娯楽，スポーツ等

□公園はすいた時間，場所を選ぶ
□筋トレやヨガは，十分に人との間隔を もしくは自宅で動画を活用
□ジョギングは少人数で
□すれ違うときは距離をとるマナー
□予約制を利用してゆったりと
□狭い部屋での長居は無用
□歌や応援は，十分な距離かオンライン

公共交通機関の利用

□会話は控えめに
□混んでいる時間帯は避けて
□徒歩や自転車利用も併用する

食事

□持ち帰りや出前，デリバリーも
□屋外空間で気持ちよく
□大皿は避けて，料理は個々に
□対面ではなく横並びで座ろう
□料理に集中，おしゃべりは控えめに
□お酌，グラスやお猪口の回し飲みは避けて

イベント等への参加

□接触確認アプリの活用を
□発熱や風邪の症状がある場合は参加しない

（4）働き方の新しいスタイル

□テレワークやローテーション勤務　□時差通勤でゆったりと　□ オフィスはひろびろと
□会議はオンライン　□対面での打合せは換気とマスク

※　業種ごとの感染拡大予防ガイドラインは，関係団体が別途作成

図6-3　新しい生活様式の実践例

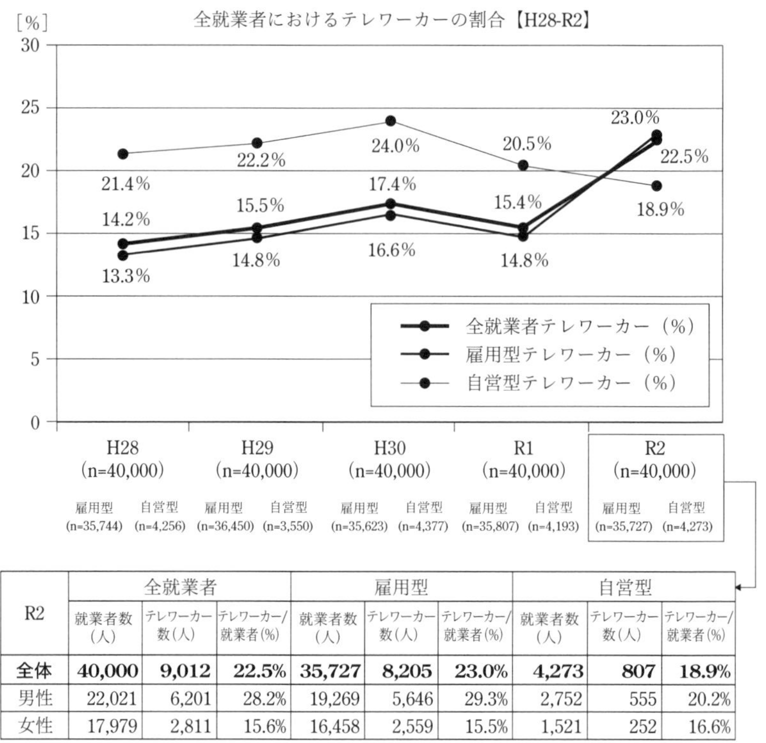

R2	全就業者			雇用型			自営型		
	就業者数（人）	テレワーカー数（人）	テレワーカー/就業者(%)	就業者数（人）	テレワーカー数（人）	テレワーカー/就業者(%)	就業者数（人）	テレワーカー数（人）	テレワーカー/就業者(%)
全体	**40,000**	**9,012**	**22.5%**	**35,727**	**8,205**	**23.0%**	**4,273**	**807**	**18.9%**
男性	22,021	6,201	28.2%	19,269	5,646	29.3%	2,752	555	20.2%
女性	17,979	2,811	15.6%	16,458	2,559	15.5%	1,521	252	16.6%

※単数回答

図6-4　テレワーカーの割合

2)　社会変容をもたらす「感染症」をどう見るか

どのように新型コロナウイルスが生まれたのかは，まだ解明されていませんが，21世紀に入ってから，2002-3年のSARSコロナウイルス（SARS-CoV-1），2009年の新型インフルエンザ，そして今回の新型コロナウイルス（SARS-CoV-2）と，10年に1度の割合で，この20年余りの間に3回も，それまで知られていなかった病原菌の脅威に見舞われました．いずれも自然界の生き物からの伝播であることから，自然とのかかわり方について見直すと同時に，こうした「災害」にもたとえられる事態が，今後も起こると考えて，日頃からの備えが必要です．

3) 「考え方」のパラダイムシフト

この新しい状態に直面して，これまでの「考え方」，「価値観」から，一辺倒ではない異なったものの見方へのシフトが始まっています．

① 飽食の時代 → 「食」重視の時代

コロナ禍では，不要不急の行動に制限がかかりましたが，命をつなぐ「食」の確保にだけは，外出などの行動が許容され，あらためて，人間にとって「食」のもつ重要性を確認することになりました．

それまでの飽食の時代では，グルメが珍重され，鮮度の優先や，流通変化などのいろいろな要因で「食品ロス」が積みあがることになりました．一方，食育が唱えられてはいましたが，一部にとどまり，啓蒙の域を出ませんでした．コロナ禍では，「食」こそが人間の原点であるとの再認識ができたのではないでしょうか．

② グローバル → 自国主義

国際化という掛け声に加えてグローバルという言葉が普及して，国際的な連携，人，もの，金の国境を越えた動きが常態となっていました．しかしコロナ禍では，国境をまたぐ移動が制限され，突然流通が滞り，自国での自給の必要性ということに直面しました．その時に，私たちは日本でマスクをほぼ作っていない，ということを思い知ったのです．それまでグローバル化の光の当たるところばかりを見ていて，負の側面を，初めてそれと認識したのではないかと思います．

③ 医療重視 → 予防，免疫力重視

従来，病気になれば，薬，病院で対応できたわけですが，災害級の感染症の流行は，医療機関だけでは対応できず，マスク，手洗い，ソーシャルディスタンスという予防的措置を総動員することになりました．それまでやや軽視されがちだった「予防」が，国が陣頭を取る施策となり，緊急事態宣言，三密回避などの感染拡大防止対策を国民と共に進めることとなりました．

また，ワクチン接種はもとより，そもそも人間がもっている免疫力へも注目が集まり，生活習慣や睡眠などの質の見直しへと進んでいます．

④　リアル（対面）　→　オンライン

従来，人間の活動はほとんど対面で行われてきました．電話，メールは対面を補うもので，それを不要とするまでのものではありませんでした．

今般普及した，インターネットを使ってのオンラインでのミーティングができるサービスは，ほとんど対面に近い機能を持ち，かつ低額の費用でできる画期的システムです．しかも，多数が同時に顔を合わせる会議，集会も可能となったのです．行動自粛の中で，リモートで会えるということは，個人生活でも，ビジネスでも急速に普及をしました．ビジネスの世界では，在宅勤務，テレワークはこの技術で可能となったことは間違いありません．

1.2　コロナ禍で変わった食品市場

以上のような転換の中で，食品業界も変化が進行中です．

1)　巣ごもり需要　中食・内食化　家飲み

行動自粛で，自宅待機，テレワークを余儀なくされた中で，いくつかの大きな変化がありました．最たるものは，一時期ではあれ外食需要が急速にしぼみ，自宅での需要が増大したことです．中食・内食が増大し，スーパーマーケットを

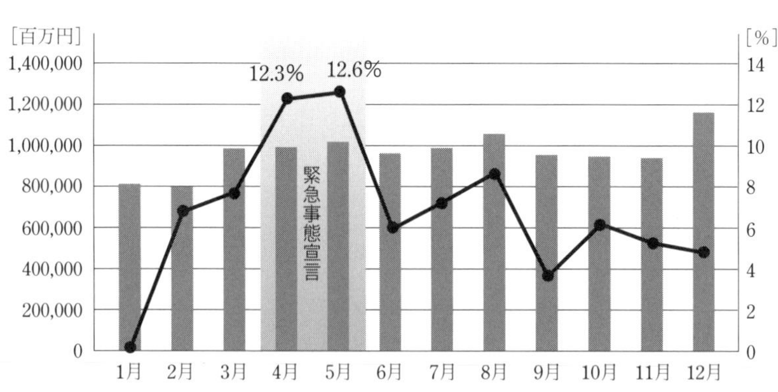

注：前年同月比増減率はギャップを調整するリンク係数で処理した数値で計算している．
［資料］商業動態統計調査（経済産業省）

図6–5　巣ごもり需要

中心として需要の増大もありました．お酒も「家飲み」という言葉ができ，そのための習慣も生まれています．

2) 外食産業の淘汰，再編

行動自粛で最大の被害を被った業界の１つが，外食業界です．ほとんど，休店に近い状態の店舗から，昼間への時間帯の延長や，提供食品の変更，感染予防の徹底などの工夫をする店舗，さらには食材・サービスを変更したトライアル店舗など，様々な試みが行われています．

あらためて，対面の重要性，日本の文化としての居酒屋の存在が見直され，新しい展開も行われてきてもいます．

3) 移動制限（海外，国内とも）による激変

行動自粛で被害にあった業界では，旅行業，宿泊業，観光業があります．インバウンドはもとより，これらの業界はお客様がいなくなった状態に近くなりました．したがって，それに付随してきた外食業界，菓子業界，飲食業界の打撃とそれによる業界再編は深刻なものでした．単価の高いマーケットが一時期ですが消失してしまったのです．

図 6-6　ネット通販市場

4)　ネット通販市場の伸長

従来から伸びていましたが，ネット通販市場の成長に拍車がかかりました．自宅に，居ながらにして注文ができる便利な機能で，中高年も多く利用しています．従来は，ネットでの購買が難しいと思われていたアパレル業界でも，多角的に撮影された商品の説明があることにより，その不安も半ば解消され，豊富な品揃えなどのメリットが生かされ，急成長しています．SNSとも結びつき，新たな展開が期待されます．

5)　フードデリバリーの成長

昔は出前というものがありましたが，人手不足であまり見かけなくなりました．しかし今回の行動自粛の中で，自宅に料理が届くフードデリバリー業界が急成長してきています．店舗を持たない食品のデリバリーを専門にする形態と，既存店舗が自社商品を配送するために，デリバリー専門会社を使うケースが普及しています．日本は，お弁当，惣菜が豊富にあり，飲食店の商品を持ちかえるとか，配達してもらう文化はあまりなかったのですが，フードデリバリーは新しい潮流です．

こうしたニーズの変化は一時期の臨時の状態という面もありますが，一定程度定着しました．今後は変化した状態にどう取り組むか，需要を取り込んでい

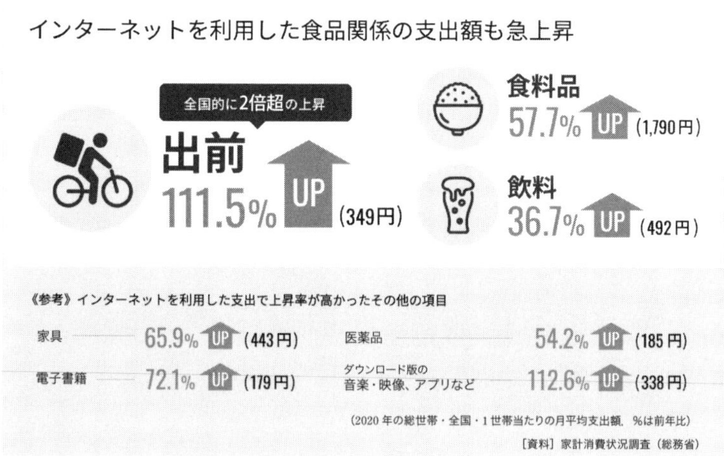

図6-7　フードデリバリー

くかが問われています．

2. 求められる多様性と対応力

2.1 食品産業における SDGs へのシフト

1) SDGs について

SDGs＝「持続可能な開発目標」は，2015 年 9 月に国連サミットで採択されたものです．そして今では社会活動の中での“共通言語”となって，世界でも，そして，遅れて日本でも盛んに普及啓蒙されています．

SDGs は，17 のゴール＝目標で構成されています．この前身の MDGs（ミレニアム開発目標）で，国際的な取り組みをして貧困の半減を実現しようとしたものを引き継ぐものです．この MDGs は，発展途上国中心で，行政機関が実施するものでしたが，SDGs は，先進国も含めたものになっています．また担い手も，政府機関から，経済人などあらゆるステークホルダーの参加によるものに変わってきています．成果をあげた MDGs のように，SDGs も，世界を巻き込んであらゆる人々が参加するものに進展して，2030 年の目標達成に向けて進められています．

SDGs は，「持続可能な」という言葉が多用されていますが，未来志向の内容を併せ持っていて，収益を目的とする活動にも，様々なテーマを登場させてい

図 6–8　SDGs の 17 の目標

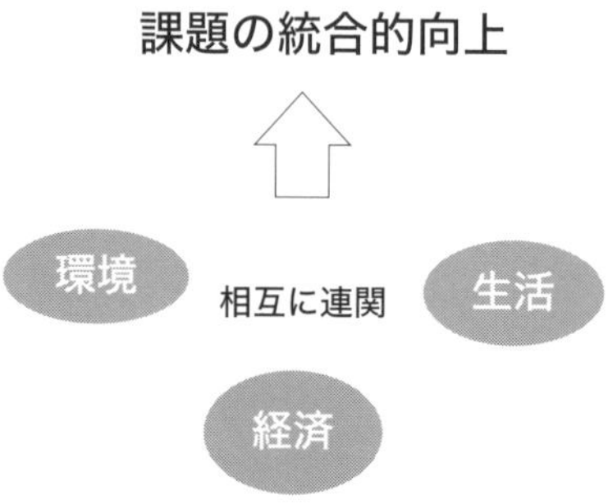

課題の統合的向上

環境　相互に連関　生活

経済

図6-9　統合的向上

ます．その象徴的なものは環境問題です．今日，環境問題を無視してゆくなら，未来を犠牲にした持続できない世界を準備することになります．つまり，これまでの経済活動は，人々の生活・環境に対する破壊をもたらす側面もあり，それを取り除くことにより，経済と環境と生活が統合的な関係性にならないと持続可能な未来はありえないとの認識が「持続可能な」という言葉に集約されています．

2)　食品産業とSDGsの関連

ご存知のように現代は，食品に関するサプライチェーンが非常に長大になっています．生産（農業，水産，畜産など）からはじまって，加工，製造があり，さらに流通（卸売，小売など），物流を経て，消費者に購入され，消費されます．

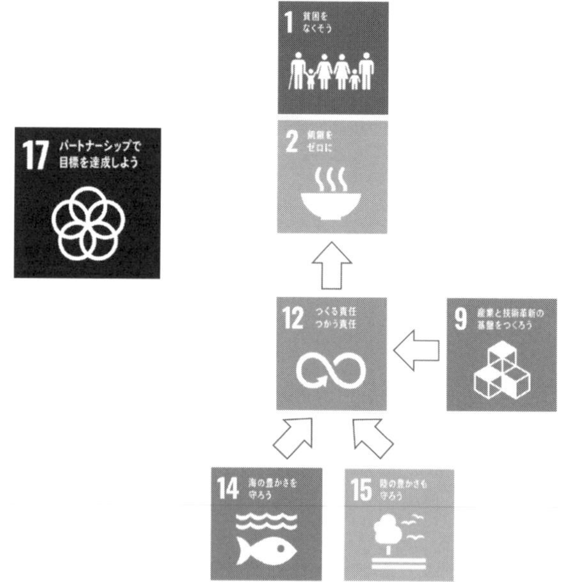

図6-10　食品産業とSDGs

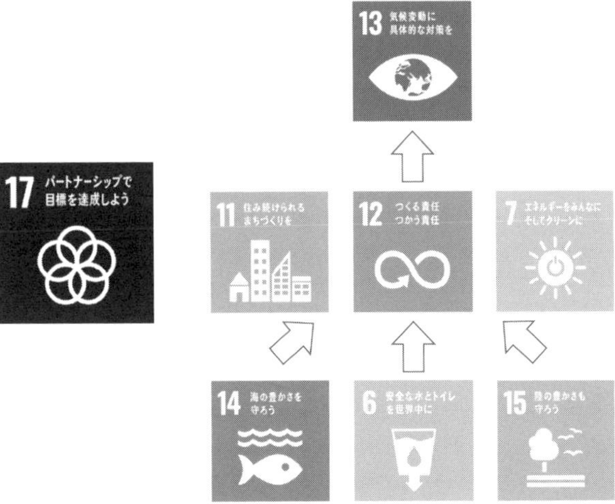

図 6–11 環境と SDGs

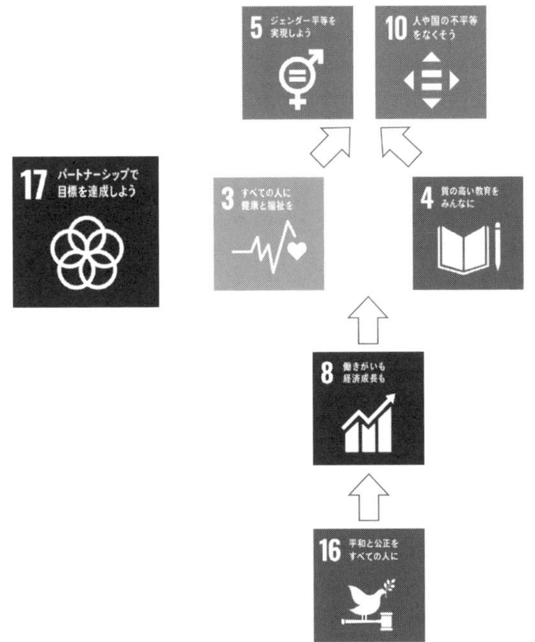

図 6–12 生活と SDGs

また，一部は飲食店を経由して，消費者にたどり着く．この長いプロセスの中で，SDGsとの関連で解決すべき課題は多数あります．

17の目標の中で，⑭海洋資源，⑮陸上資源があり，⑫生産・消費が食のプロセスの中心に関係してきます．その取り組みの効果は，②「飢餓をゼロに」であり，さらには①「貧困をなくそう」へとつながっていきます．これらは，食に関する経済活動の中で大きな目標となります．

それに対応して，環境面では，⑭海洋資源，⑮陸上資源，⑫生産・消費が対象ではありますが，⑦エネルギー，⑪都市の関係性が深く，最終的には⑬気候変動の改善に向かっています．

生活面でみると，経済活動の影響は⑧成長・雇用が中心ですが，⑥水・衛生，さらに③保健，そして④教育にも影響し，⑩不平等，⑤ジェンダーへの基礎となるものです．

3)　SDGsへの取り組みと本業との関係

SDGsへの取り組みは随所で行われ始めています．しかし,SDGsに対する理解不足や，首を傾げたくなる取り組みも散見されます．例えば,「横ならび意識で行う場合」,「世間がうるさいので少しは取り組んでおこう」というスタンスや，企業イメージを上げるために利用しよう，という考えで取り組んでいるところがあります．また，環境問題としての側面だけで取り組んでいるケースも見受けられます．

事業機会を作り出すために取り組むケースも多いようですが，それは比較的正しい取り組み方かもしれませんが，SDGsの出てきた背景をもう少し掘り下げ経営理念の前提として17の目標の1つでも,経営理念の中に取り入れるよう一歩進めてほしいと思います．

SDGsが出てきた歴史的な流れをみると，大きな時代の変わり目としてとらえる必要がある．産業革命以来,大量生産・大量消費を自明とし自然界に手を加えてきた結果，様々な地球上の変調をきたしているという事実があります．そしてグローバルな経済の発展とその一方で貧困が生み出されました．また，地球環境が破壊され，地球温暖化阻止のための後戻りできない時期に差し掛かってきています．

つまり，従来の経済一辺倒のあり方が，環境と生活を破壊してきており，それでは現代の困難だけではなく，未来が存続できないという危機の中に現代があるということです．この経済，環境，生活という3つの構成要素がバランスよく，調和していくしくみが求められているのです．

企業も社会の一員です．その社会的責任を果たさなければなりません．社会にとって有用な企業がこれから残っていくでしょうし，そうでないと事業も成功しません．SDGsが示しているものは時代の変遷，未来への羅針盤なのです．もっというならば，時代の変遷に対応した人類世界の戦略でもあります．片手間に取り組むもの，部分的に利用するものであっても，何もしないよりはよいのかもしれませんが，本業としてSDGsをどのように考えていくか，取り組んでいくかを考え，経営戦略の前提として，あらためて取り組みを考えてみて下さい．

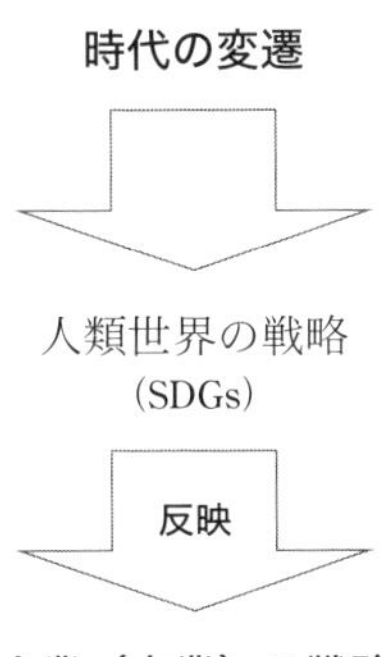

図6–13 本業としてのSDGs

事例：視点1．食品ロス

食品産業として，SDGsの中で，最も重要な課題といわれているのが，食品ロスの解決です．事実，食品ロスの存在は，世界的にみると，一方では飢餓があり，貧困がありながらも，他方では食品が捨てられているのは，まったくの損失です．また，食品をつくるために費やされた膨大な資源が無意味になっているのです．

しかし，その解決は単純ではありません．人々の意識で解決しようとの考えや，習慣を変えることでは追いつかない問題があります．その原因の1つに部分最適な視点というものがあります．自社のことだけ見ていては解決しません．製造，販売，行政，消費者の連携を取り，自社だけの視点に陥らずに，全体を見る目を養い，SDGsがいう人類世界を対象，持続可能な未来をも見据えた全体最適の視点で物事を見ていく必要があります．もちろん膨大なデータをリアルタイムで最適化していくAIやIoTなども大いに活用しなければなりません．こうした技術の普及があって初めてできることなのかもしれません．

全体を考え，自社の生産を考える．そしていろいろな機会を利用して，業界の垣根を越えた地域での連携，取り組みを検討してみてください．新しい発想やビジネスが生まれてきます.

事例：視点2. 食品工場の生産性

読者は，食品工場の生産性に関心があることでしょう．生産現場に足を運ぶと，生産性を下げている原因の多くは，個人個人の利害が優先されているからではないかという場面に遭遇します.

特に象徴的なのは設備機械の生産性についてです．確かに，1つの機械はスピードアップして大きな効果がでるかもしれません．しかし，それが全体の工程のアンバランスを生み出す原因となって，そのためにかえって人手がかかるというケースを多く目にします.

ある事例ですが,機械化して10名の作業員による流れ作業のラインを作り上げたまではいいのですが，しかし，その10名の作業をフォローするために5名の余計な人員が必要となっている本末転倒な事例がありました．これは，個々の最適化が全体の最適化を壊している例でした.

仕入品についてもしかり，出来上がった製品についてもしかり，工程の人員と作業についてもしかりです．すべて自分の責任範囲さえよければ，ここさえよければという部分最適なのです．どこか偏ったSDGsの見方と似ていますね.この生産性についても，大きな全体視点で見ていく必要があるのです.

2.2　日本の農林水産物・食品輸出　1兆円超え

1)　輸出の増大

食品の輸出動向は，着実に成長しています．日本は，貿易立国であり，輸出産業が基幹産業となってきました．ただ食品に関しては，1980年代の後半からの円高の影響もあり伸び悩んでいました.

しかし，2013年の第2次安倍政権時に「日本再興戦略」に沿って，2013年当時5505億円だった輸出額を，2020年に1兆円にするという目標を立て，輸出振興に大きく舵を切りました.

農林水産省を中心に官民一体となって取り組んだ農林水産物・食品の輸出額は,目標年から1年遅れましたが2021年に1兆円を達成しました．少子高齢化という国内市場の縮小の中で食品の輸出は意識的に取り組んでいく分野と思わ

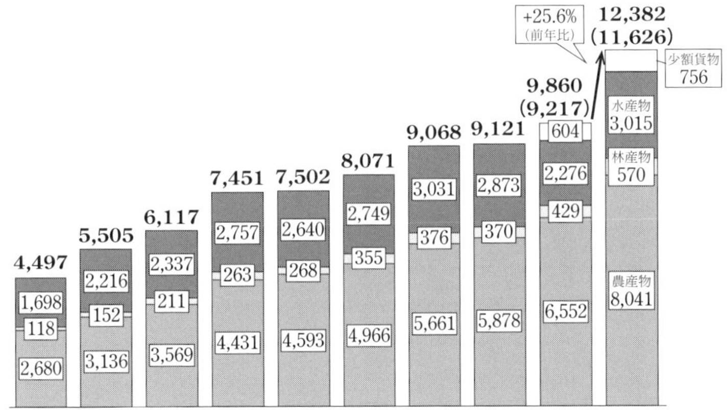

図 6-14　農林水産物・食品　輸出額の推移　農林水産省 / 輸出・国際局

れます.

また, 加工食品の金額は同年 4,600 億円で, 割合的に輸出額の半分弱となっています. 加工品で出荷量が多いものは, 2021 年では, ウィスキー461 億円, 日

表 6-1　2021 年の農林水産物・食品輸出額（1 − 12 月）品目別

	品目	金額（百万円）	前年比（%）
農産物	**加工食品**	**459,502**	**+22.9**
	アルコール飲料	114,668	+61.4
	日本酒	40,178	+66.4
	ウィスキー	46,152	+70.2
	焼酎（泡盛を含む）	1,746	+45.4
	ソース混合調味料	43,533	+19.1
	清涼飲料水	40,570	+18.8
	菓子（米菓を除く）	24,422	+29.8
	醤油	9,143	+21.7
	米菓（あられ・せんべい）	5,637	+24.4
	味噌	4,448	+15.7
	畜産品	**113,923**	**+47.7**
	畜産物	87,243	+46.7
	牛肉	53,679	+85.9
	牛乳・乳製品	24,390	+9.8
	鶏卵	5,867	+27.9
	豚肉	2,013	+14.5
	鶏肉	1,295	▲ 37.2
	穀物など	**56,025**	**+9.8**
	米（援助米除く）	5,933	+11.6
	野菜・果実など	**56,950**	**+28.0**
	青果物	37,658	+28.3
	りんご	16,212	+51.5
	ぶどう	4,629	+12.4
	いちご	4,061	+54.4
	かんしょ	2,333	+13.1
	もも	2,322	+24.1
	ながいも	2,314	+8.7
	かんきつ	1,101	+60.3
	なし	961	+25.9

	品目	金額（百万円）	前年比（%）
	その他農産物	**117,875**	**+8.6**
	たばこ	14,553	+2.5
	緑茶	20,418	+26.1
	花き	8,509	▲ 26.3
	植木など	6,931	▲ 34.3
	切花	1,344	+65.7
林産物	**林産物**	**57,021**	**+32.9**
	丸太	21,070	+29.0
	製材	9,789	+44.9
	合板	7,524	+35.4
	木製家具	5,444	+37.4
	水産物（調製品除く）	**233,562**	**+39.4**
	ホタテ貝（生鮮・冷蔵・冷凍など）	63,943	+103.7
	ぶり	24,620	+42.6
	さば	22,025	+7.7
	かつお・まぐろ類	20,413	+0.1
	真珠（天然・養殖）	17,078	+124.6
	いわし	7,445	▲ 3.9
	たい	5,042	+33.4
	さけ・ます	3,572	▲ 9.3
	すけとうたら	1,997	+20.1
	さんま	635	+15.2
	水産調製品	**68,004**	**+13.4**
	なまこ（調製）	15,515	▲ 14.4
	練り製品	11,258	+8.4
	ホタテ貝（調製）	8,078	+73.9
	貝柱調製品	5,967	▲ 16.6

※ 財務省「貿易統計」を基に農林水産省作成

表 6-2　2021 年の農林水産物・食品輸出額国・地域別

順位	輸出先	2021年1-12月（累計）						2021年12月（単月）				
		輸出額（億円）	金額構成比（%）	前年同期比（%）	輸出額内訳（億円）			輸出額（億円）	前年同月比（%）	輸出額内訳（億円）		
					農産物	林産物	水産物			農産物	林産物	水産物
1	中華人民共和国	2,224	19.1	+35.2	1,395	239	590	200	+8.9	133	21	45
2	香港	2,190	18.8	+6.0	1,505	18	668	214	▲ 10.2	143	2	69
3	アメリカ合衆国	1,683	14.5	+41.2	1,196	64	423	176	+46.2	113	6	57
4	台湾	1,245	10.7	+27.0	943	34	268	177	+40.1	131	4	42
5	ベトナム	585	5.0	+9.4	393	8	184	73	+11.9	47	0	26
6	大韓民国	527	4.5	+26.9	305	45	176	65	+43.4	33	4	28
7	タイ	441	3.8	+9.5	228	7	206	40	+24.6	25	1	14
8	シンガポール	409	3.5	+38.0	343	5	60	45	+26.0	37	1	7
9	オーストラリア	230	2.0	+39.1	203	2	25	26	+64.3	23	0	2
10	フィリピン	209	1.8	+35.6	77	108	24	22	+46.2	7	13	2
−	EU	629	5.4	+43.8	518	16	94	57	+25.5	44	1	12

※財務省「貿易統計」を基に農林水産省作成

本酒 401 億円，清涼飲料水 405 億円，ソース混合調味料 435 億円です．今後も日本食文化を代表する日本酒，調味料，飲料の伸張や，そうした和食の味覚を活かした加工食品，健康食品など加工度の高い，付加価値の高い加工食品の輸出が期待されます．

一方，輸出国別にみると，2021 年には，香港 2,190 億円，中国 2,224 億円，米国 1,683 億円が中心になっています．その他，台湾 1,245 億円，ベトナム 585 億円，韓国 527 億円とつづきます．アジア中心に広範に輸出されていることがわかります．また，米国も巨大輸出先になっています．今後も拡大が期待されるのはアジア圏と米国と思われます．日本食の普及から見て，欧州への輸出も長期的には期待したいところです．

2)　追い風となったユネスコにおける和食の無形文化遺産指定

2013 年 12 月，「和食；日本人の伝統的な食文化」がユネスコ無形文化遺産に登録されたことも，日本食の輸出に大きく貢献しました．

ユネスコの「無形文化遺産」とは，芸能や伝統工芸技術などの形のない文化であって，土地の歴史や生活風習などと密接に関わっているものを保護し，尊重する機運を高めるために，登録されるものです．

南北に長く，四季が明確な日本には多様で豊かな自然があり，そこで生まれた食文化もまた，これに寄り添うように育まれてきました．

日本の四季とともに「自然を尊ぶ」という日本人の気質と，それに基づいた「食」に関する「習わし」を，「和食；日本人の伝統的な食文化」と題して，無形文化遺産と評価されています．その内容は，次の通りです．

① 多様で新鮮な食材とその持ち味の尊重

② 健康的な食生活を支える栄養バランス

③ 自然の美しさや季節の移ろいの表現

④ 正月などの年中行事との密接な関わり

このような評価は，我々の従来からの評価と一致するものであり，世界がこのような日本の文化を理解した意義は大きいと思われます．今後も食品輸出ビジネスの大きな後ろ盾となるでしょう．

3) 日本の食文化の特徴

日本の食品の輸出が農産物，水産物など，素材そのものの良さで輸出されているものが多くあります．特に水産物は輸出のニーズが高く，現在でも大きなウェイトを占めています．ほたて1種類が1カ月で，61億円（2021年12月期）も輸出しています．

一方，和食の普及の訴求要因としては，5点ほどあげられると思います．

（1）健康志向での普及

日本でもその傾向が強くなってきましたが，欧米では肥満が恒常化し，生活習慣病が社会問題になっています．そのような中で，ユネスコの指摘している「健康的な食生活を支える栄養バランス」として，和食が評価されている面があります．2010年代に欧州のフランス，ポルトガル，アイルランド，イギリスなどで「砂糖税」などが導入され（世界で24カ国），糖尿病，生活習慣病（肥満など）を減らそうとしています．

和食は，だしに象徴される“味のない”ものによる構成であり，健康面からは理想的な食事です．生魚を食べる習慣のなかった欧米で寿司が普及したのは，おいしさに加え肥満対策，健康食の象徴としての食品が寿司になった，ということも考えられます．

(2) 日本の味覚への接近

欧米では，ライスは油で炒めたり，味を付けて食べるのが当たり前で，日本のように銘柄米にこだわる白米のおいしさの違いはほとんど問題になりませんでした．そのような中で寿司が普及し,「シャリ」のコメの味の味覚が浸透しています．和食の特徴であるだしについても同様です．

海外でのラーメンの普及に見られるように，日本の「おいしさ」の味覚は海外で認められてきています．それらの根本的な商品の差別化は，だしに集約されていると思われます．

(3) 海外製造と日本製造の違い

海外で，日本製品を現地生産するものが多くなっています．ほとんど，日本国内に引けをとらないような品ぞろえの日本食品店もあります．しかし，つぶさに見てみると，パッケージへの印刷など，品質に歴然たる相違があります．

さらに，日本製品とまったく同じ商品の現地生産品であっても，食べ比べをすると大きな違いがあるものが多く，まだまだ，差があるといえます．

(4) 多彩な商品群

日本の食品の多彩さは，世界的にみて「異常」かもしれません．

例えば，お弁当があります．海外でもテイクアウトで包装して持ち帰るものはありますが，ほとんどは単品です．弁当のように，細かく仕切られた容器に様々な食材が並べられているものは，あまり見かけません．しかも，何層にもわたって作られている箱庭のようなものはまずありません．

また，お菓子，クッキー類の多彩さも目を引きます．1つのクッキーもいろいろなバリエーションがあり，しかも，どんどん新商品がでています．海外では，お土産の種類は少なく，日本のように選ぶのに困る，といったことはあまりありません．

このようなことが,世界の食品市場を席巻する10大食品ブランドといわれる食品会社が，日本市場に容易に参入できない理由の1つです．

多彩さその異常さの例として，ビールの新製品ラッシュがあります．次々と新ビール，発泡酒，第三のビールと登場し，さらに個々の新製品が年間100種類くらい登場するのです．海外のビールのブランドでは10年以上変わらないものも多くあります．

また，惣菜という分野も，家庭料理がマスマーケットに登場して久しく根強い人気に支えられています．種類もますます増えてデパ地下惣菜売り場はいつも人気です．世界でもこのような惣菜が，定番商品として並ぶ例は少ないと思われます．

よく食品製造業はIT化していないから，生産性が低いといわれていますが，原因は，消費者ニーズが多彩であるがゆえに，作業が複雑で変化がはげしく，コストに見合う生産性を挙げるのは，なかなか容易ではないということです．IT化にはまだまだ時間がかかります．

(5) 工夫する文化

日本は，ものづくり日本といわれてきましたが，今は世界の工場は中国になっています．しかし，戦後，米国の製造方法を学んで，日本流に工夫して「ものづくり」を花開かせたのは，日本の工夫する，改善するというしくみがあったからです．

食品業界でも，その工夫は発揮されていて，たとえば，牛肉の例があります．かつて，牛肉は，日本ではまれにしか食することができない高級食材でした．しかし，時代は変わって，今や，和牛がビーフの本家，米国に年間500億円（2021年）も販売される時代になりました．牛の育成の工夫を重ねた結果がこのようになったのだと思います．

コンビニも同様です．米国で開発されたコンビニエンスストア（便利なお店）が，日本に輸入され，きめ細かなサービスメニューを確立し，高収益がでる仕組みとなり，米国にそのノウハウを輸出するところまでになっています．これも，日本の工夫のなせる業です．

4) 日本の食文化の輸出の指向性

(1) 日本の食文化の潜在的ニーズ

前項の日本の食文化をみてみると，ユネスコが評価をするように，潜在的に優れたポテンシャルがあるといえます．

寿司の普及が，その先導役でしたが，ラーメンもそれに続いていますが，他にもいろいろな食品が海外で受け入れられています．そのビジネス形態は海外展開として，現地でのオペレーションをして，その国の食文化とマッチングしているものもあるでしょうし，日本の工場で製造したものを輸出することも，流通の時間短縮や技術レベルの高さゆえに，大いに期待されるところです．

(2) 冷凍技術の進化による世界的展開

流通で特に特筆すべきは，冷凍技術の進化です．日本の冷凍技術は世界的にみても，優秀といわれ，それに対応した装置も安価になってきました．日持ちが短く，地元でしか販売できなかったものが，全世界に輸出できる状況になってきています．

(3) 少子高齢化による国内市場の限界と海外志向

現在，日本は少子高齢化の時代を迎えていることはご存知のとおりです．様々な分野でその変化が危惧されており，その中でビジネスマーケットの縮小は，構造的なものとなっています．

したがって，販売を着実に増加させるには膨大な人口がある世界に向けて発信していくのは必然です．

(4) 国策としての政府の輸出促進策

政府は，2019年輸出促進法（農林水産物および食品の輸出の促進に関する法律）を制定することを軸に，実行計画を作成し，目標をもち，進捗確認もしています．GFP（農林水産物・食品輸出プロジェクト）を設立し，生産者・事業者で形成するコミュニティを組織し，啓蒙，推進しています．

ここでは食品の輸出，国別方面別情報も入り輸出推進の環境が整ってきてお

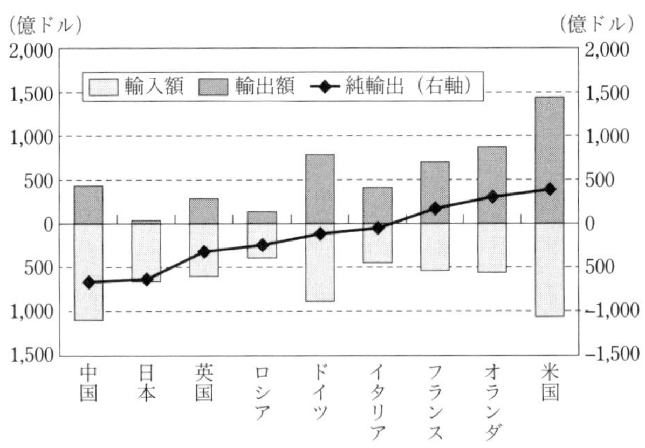

備考：1.　金間（2013）を参考に経済産業省作成．
備考：2.　FAO Statによる「Agriculture. Products, Total」の金額を食料品などとしている．
資料：FAO Statから作成．

図6-15　日本の食品輸出の構造

り，その流れにのれば輸出へのハードルは低くなったといえます

(5) サプライチェーンの環境整備を推進

輸出品目をみるとほたては大量に輸出されてその他は少ないとか，和牛は伸びているが，その他の畜産物は伸びていないというのは，環境整備の遅れと考えられます．これらの条件がひとつずつ解決されることが輸出する側だけでなく，輸入する国々，業者にとっても必要なことです．今後の進展に期待したいところです．

(6) 日本の食文化の優位性に期待

以上，見てきたように，様々な輸出促進要因があるわけですが．基本には日本の食文化のすばらしさがあればこそ，輸出ができるのです．ニーズはあります．それを軸に世界に展開することも事業展開の1つの柱に検討してはどうでしょうか．

3. 今この変動の時代に強い企業へと導くイノベーションを

変化に強い企業とはどのような企業なのでしょうか．経営環境は常に変わり続ける．マーケティングによる市場へのマッチングとイノベーション機能により，この変化を前提とした経営を行うべきである，といったのがドラッカーです．

この経営学者は「もし高校野球の女子マネージャーがドラッカーの『マネジメント』を読んだら」でご存知の方も多いと思います．

ドラッカーはその著書「マネジメント」にて企業の目的は,「顧客の創造」であり，そのために必要な機能は「マーケティング」と「イノベーション」であると説明しています．「マーケティング」は日常，「イノベーション」は変革です．

「マーケティング」は適切な組織構造をもって,適切な顧客とのコミュニケーションにより顧客を知り，顧客のニーズを理解し，顧客を満足させ続けるために，適切なチャネル，適切な価格，適切なサービスと製品のミックスを構成し,顧客に届ける仕組みであるマーケティング組織を創り，継続的に運用することです．

ここで述べた「マーケティング組織」とは,「マーケティング」を継続的に実

行するための組織機能の連携です.

一方,「イノベーション」は「イノベーションの機会」を常に探し，分析し，顧客候補や関係者に会って，見て，聞いて，問うて，機会を知覚し，顧客候補の期待，価値，ニーズを知覚をもって知り，自社の強みを基盤とするイノベーションを設計し，遂行し，次の市場を創造すること・市場の変化に対応することです.

このような企業のあり方を提唱するドラッカーの考え方は，今の大きく変動する経営環境の中で成長するためには，非常に適した考え方です.

「第2章4.1組織を活かすための基本知識」に述べている組織原則の内，権限委譲の原則は，通常作業は権限委譲をして部下が定常的に行える仕組みを作り，上司は意思決定にかかわる部分だけに専念すべきという考え方です.

この考え方と「マーケティング」「イノベーション」を重ね合わせると実践的になります.

上記2つの機能「マーケティング」「イノベーション」の内，意思決定は上司が行いますが，管理ノードである“上司”というのは複数いる場合が多いはずです，それぞれの意思決定を責務の範囲で上司が行い，下位の意思決定を含むルーチンワークを仕組みとして作り部下にやらせるという意味です．それが「マーケティング」にも適用されます．しかし「イノベーション」は経営者あるいはイノベーターが担当します.

3.1　イノベーションとは何か？

では，イノベーションとは何でしょう？ドラッカーは「イノベーションとは新しい満足を産出すること」と定義しました.

また，その著書「イノベーションと企業家精神」では「企業家は変化を探し，変化に対応し,変化をイノベーションの機会として利用する.」とも述べており，イノベーションの一部は企業家が造るといってます．また,「イノベーションは富を創造する能力を資源に与える.」「経済において購買力に勝る資源はない．その購買力も企業家のイノベーションによって創造される.」「人が利用の方法を見つけ経済的な価値を与えない限り，何もの も資源とはなりえない.」「イノベーションを行わないことの方がリスクが大きい」などと述べています.

イノベーションの例を示すと，UberEatsは，都会にいるアルバイトをしたい人達の時間をつかい，コロナ禍で外食できずストレスをためていた人たちに，これまで配達を行っていなかったレストランなどでも配達できるサービスを提供し，多少高くても様々な飲食店の欲しい料理が届くという満足を創造しました．これもイノベーションです．

表6-3　イノベーションの7つの機会

ドラッカーの示す7つの機会
1)　予期せぬ成功と失敗を利用する
2)　ギャップを探す
3)　ニーズを見つける
4)　産業構造の変化を知る
5)　人口構造の変化に着目する
6)　認識の変化をとらえる
7)　新しい知識を活用する

ドラッカーは同書「イノベーションと企業家精神」においてイノベーションと企業家精神を生み出すための原理と方法を示しました．また，イノベーションのタイプを，成果の大きさと実現の容易さの順に並べなおしています．

ドラッカーは，“イノベーションを生み出す機会は7つある”と示し，イノベーションの信頼性と確実性の大きい順に並べて説明しました（表6-3）．

では以降順に1)～7)まで解説します．

1)　予期せぬ成功と失敗を利用する

ここでの予期せぬ成功とは，「これまでの経験・知識・常識，あるいは統計推定から考えるとこれ程までに成功することを予想していなかった．主軸事業とは異なる事業･売り方の事業であったものが売上を伸ばした．」といった類の成功です．

予期せぬ失敗とは，「これまでの経験・知識・常識，あるいは統計推定に反して，期待していた営業成績を上げることができなかった．」という失敗です．

今回コロナ禍では，疫病の影響で外食産業の営業成績が大きく後退したことは皆さんご存知と思われますが，これも予期せぬ失敗の1つではありますが，予期はしなかったが非常にわかりやすい環境の変化です．ドラッカーが指摘している「予期せぬ失敗や成功」は，顧客の価値観や認識の変化，主軸事業の市場ニーズの変化や別の市場ニーズの発芽を背景に持つもので，その予兆です．

2)　ギャップを探す

ドラッカーは，ギャップには，(1) 業績ギャップ，(2) 認識ギャップ，(3) 価値観ギャップ，(4) プロセスギャップがあると述べています．

(1) 業績ギャップ

製品やサービスの需要が伸びているにも関わらず，自社の業績が伸びていないのであれば，そこに何らかのギャップが存在するはずです．例えば，売り方がお客様の使い易い形でないとか，ニーズに合っていないとか，或いは，品揃えの問題かもしれません．

(2) 認識ギャップ

認識ギャップは，事業者の現実についての認識の誤りです．認識を誤っている限りその投資と努力は誤った方向に生き，成果が期待できないものです．

その認識の過ちに気付いた時にイノベーションの機会である認識ギャップが生まれます．つまり，行った投資と努力，見込みと異なる結果が出ていれば，そこには認識ギャップがあり，これを解消して正しい認識をし正しい方向に努力と投資を向けることで，解消できるものです．

(3) 価値観ギャップ

「価値観ギャップの背後には，必ず放漫と硬直，独断がある.」とドラッカーは述べています．例えば，iPhoneです．iPhoneが登場した時，日本の携帯メーカーの多くは，携帯の価値は多彩な機能であると考えていました．そのため，日本の携帯は使いきれない，使い方のわからない機能で溢れていました．iPhoneは一通りの基本機能は搭載されていましたが，使い勝手に特徴がありました．視覚的で直感でも使えるインターフェースです．また，そのデザインも魅力的でした．Macを開発した企業としてのブランド力もありましたが，それはVAIOを開発していたSONYも近いモノを持っていたはずです．また，日本の携帯は機種が変るとインターフェースも変わりましたが，iPhoneは基本的には変わりません．ユーザーは一度覚えるとiPhoneが離せなくなっていきました．

また，iPhoneを持っているからこそ得られる利便性や価値がネットワーク外部性を形成し，さらに，他の携帯電話との差別性を深めました．

ユーザーの求めた価値は，機能の数でも種類でもなく，カッコよさと使い易さでした．

(4) プロセスギャップ

プロセスギャップは，何かを目的に行動し，行動者はそのうちの1つのプロセスの結果に不安があるときの，その不安にプロセスギャップが存在します．

例えば，一般的なチェーン展開型の外食産業の問題点と，その解消方法を例に示します．

チェーン展開した外食店の経営者は，自社の味の維持が非常に困難であることをご存知です．例えばラーメンチェーン店で，どんなにスープのとり方を教育しても，どんなにマニュアル化しても，人が造る以上全店で同じ味を作るのは，非常に困難です．

それでも創業以来の同じ味を出したい！だけど，人に任せておくのは不安がある．特にラーメンスープの作成工程は！，というとき，食品製造業にラーメンスープの開発を依頼し，工業生産することで味を維持する企業があります．また，そのようなラーメン店の経営者が満足できる味を，工業生産品として提供できる食品製造業があります．

(5) ギャップに関するまとめ

ギャップは，(1) 業績ギャップ以外は，気付くことが難しいものです．そのギャップを捉え，以下なるイノベーションが必要かを知るには，業績ギャップは実績と社内の人や組織を見て分析することから判断ができます．その他のギャップについては，外に出て，現場や実物を見て，製品やサービスの使用者に問い，聞いて，分析する必要があります．

そして，利用者の期待，価値，ニーズを知覚をもって知る必要があります．

情報を整理して分析して初めて，「製品やサービスを使う人たちがそこに価値を見出すようになるにはどうすればいいか」を考えることができます．

3) ニーズを見つける

ドラッカーは機会として活用できるニーズは3種類あると述べています．(1) プロセスニーズ，(2) 労働力ニーズ，(3) 知識ニーズの3種類です．プロセスニーズと労働力ニーズは一般的です．知識ニーズはその利用は困難でありより大きなリスクを伴いますが，非常に重要な意味を持つことが多いニーズです．

(1) プロセスニーズ

イノベーションの機会としてのプロセス・ニーズの利用は，他のイノベーションとは異なり状況からスタートせず，課題からスタートします．

前述のプロセスギャップとは，何らかのプロセスに存在する不安や不満などのことでしたが，この不安や不満を解消することが課題です．この課題こそがプロセスニーズです．ほとんどの場合，プロセスニーズを明確にすることが問題の解決につながります．

プロセスイノベーションには，次の５つの前提があります．

①完結したプロセスについてのものであること，②欠落した部分や欠陥が一カ所だけであること，③目的が明確であること，④目的達成に必要なものが明確であること，⑤「もっとよい方法があるはず」との認識が浸透していること，つまり受けいれる体制が整っていること

(2) 労働力ニーズ

今の日本は少子高齢化が問題になっています．図 6-19 のように, 今後生産年齢人口比率は下がり続け, 2050 年には 50％近くになることが予測されています．

つまり，今のままの労働生産性であれは今後 GDP は此のままだと著しく減少し続けます．そうなると非労働人口の年金を賄うことも，生産するための労働力も不足するようになることが予測されます．この労働力不足が労働力ニーズです．

労働力ニーズは，労働力代替ニーズでもありそこにイノベーションの機会があります．

例えば，コロナ禍では，出前館や UberEats のようなデリバリーのための労働力ニーズが増加しています．これを代替する技術としては，ドローンによる配達があります．必要なのは，当初は操縦者，その後は AI などを使った自動操縦が労働力を代替します．また，そのデリバリーシステムは，利用者にとっては配達時間の短縮によって出来立ての料理を得ることができ，また感染症が問題になることがあったとしても，感染対策にもなり得るため利用者にとっての価値が拡大します．最短位置のドローンを対象レストランなどに向かわせるなどのピッキングとデリバリーおよび，これらのモニタリング制御のシステムが必要になるでしょう．これらの要素で構成される事業こそイノベーションです．

(3) 知識ニーズ

「開発研究」を目的としたニーズです．明確に理解し明確に感じることの出来

る知識の欠落があります．この欠落を埋めるためには，知的な発見が必要となります．

「(2) 労働力ニーズ」の事例で紹介した，人によるドローンの操縦であれば，操縦士の育成と法整備が必要になりますが，AI 技術による操縦の自動化には，今現在の技術レベルでは「(3) 知識ニーズ」が存在するはずです．また，対象となる開発研究は，できるだけ範囲を絞込み的を小さく絞るほど良い結果が出ます．ただし，ニーズを解決するための要求は，何らかの形で満たす必要があります．

様々なストレスが掛かる社会情勢になってしまったために，多くの人が欲求不満に陥っていますが，欲求不満とストレスの拡大の裏には必ず大きなニーズが存在します．このニーズを見つけることが表 6-3 の 3) に該当します．

人は複数の人と親密なコミュニケーションをしながら生活したいという本能があります．それが人のあるべき姿です．ところが，いまの現状はどうでしょうか，感染防止のため，他人と会うことすら極力避けるような状況に陥っています．これは，あるべき姿・欲する姿と現実のギャップであり，2) のギャップを探すに当たります．

(4) ニーズを活用するための 3 つの条件

ニーズを機会として活用するには以下の 3 つの条件があります．a. と b. は明白なので説明を割愛します．

a. 何がニーズであるか明確に理解されていること

b. イノベーションに必要な知識が手に入ること

c. 問題の解決策がそれを使う者の仕事の方法や価値観に一致していること

例えば，すし職人が人が足りないからと言って，自動にぎり寿司製造機を導入することはないでしょう．すし職人としての価値感がそれを許さないからです．だから，イノベーションを創造する前に，そのイノベーションが造るものやサービスが利用者に受け入れられるかどうかを，逢って，見て，聞いて，問い，確認しなければなりません．

4) 産業構造の変化を知る

さらに，窓口の自動化や Web 対応化で窓口業務が無くなり，テレワークの進展や RPA[※注2] の進展によって一部の管理業務が必要ないことが明確になってきています．実際に大手企業から公務員まで，働き方改革と称して組織統合や管理職の削減などのケースが増えています．また，生産者がインターネットを使って直販を行い始めたりといった事業も増えており，これまで旅先で食べた新鮮な魚や農産物を自宅で食したいというニーズを満たしています．特にコロナ禍では，スウィーツや加工品などについてもその需要が増加しています．仲買卸業だけでなく小売業まで飛び越えて直接消費者と生産者が取り引きしてます．

また，これまで大手外食チェーンを対象にした多品種大量生産を行ってきたような企業は，今後，外食産業地図が大きく変わる可能性があります．このような産業構造の変化がイノベーションの機会となります．

5)　人口構造の変化に着目する

人口構造は急激な少子高齢化，また若年層と女性の貧困化さらに富裕層との格差の拡大，加えて，管理者人材の過剰感とAIなどの開発，および利活用人材の不足など，産業構造の変化に基づくスキル人口構造要求の変化も存在します．産業構造が変化し，働き方や仕事が変り生活様式が変るだけで，人口構成も変化します．それらの変化はイノベーションの機会となります．

人口構造の変化は，人々が生活し活動する現場に行き，ターゲット層を見て，聞くイノベーターにとっては，信頼性と生産性の高いイノベーションの機会となります．

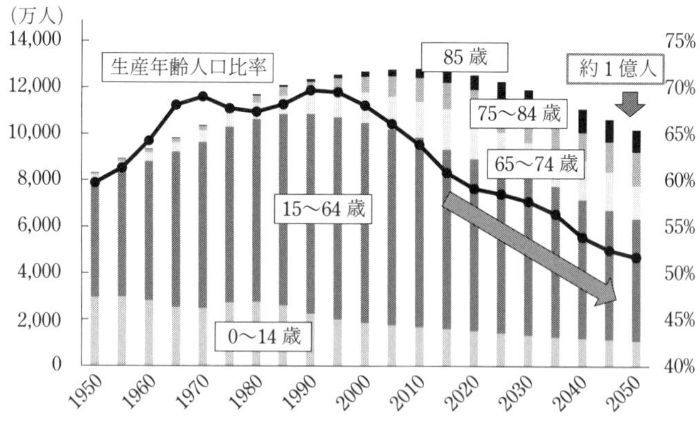

(出所) 国立社会保障・人口問題研究所「日本の将来推計人口（平成29年推計）」，総務省「人口推計（平成28年）」より経済産業省作成

図6-16　生産年齢人口は今後急激に減少する事が予測されている

6) 認識の変化をとらえる

認識の変化については, コロナ禍で, これまで運動や健康のために長い距離もをいて買い物に出かけていた高齢者が, 外出を恐れるようになっています. 外出への認識が大きく変わっています. また, これまで健康食品に大きな需要がありましたが, 今は, 感染防止や抵抗力といったキーワードが着目されるようになりつつあります. このような認識の変化も多様な認識の変化が現在の市場には隠れています.

また, 日本は長期にわたって経済成長をしていないため, 富は一部に集中し, 二極化が起っています. また, 現在, 大手企業ではテレワークの進展により管理者が過剰であることに気付いてしまったため, 今後, リストラ政策をとる大企業が増加していくことと思われますが, 大企業人材の独立や転職が増加し, 勤労に対する大企業＝雇用の安定という認識も崩れ始める可能性があります. 現在の大企業人材には, 自身を活かしたいといったニーズが高まっています. もしかすると, あなたの会社に有能な人材を採用し, 異業種の視点が新しいイノベーションの機会となるかもしれません. 大企業人材との価値観や視点のギャップは, 認識ギャップや価値観ギャップであるかもしれません.

7) 新しい知識を活用する

“新しい知識” として私が思いつくのは以下のようなものです. 例えば, 2020年11月27日に, “奈良県立医科大学の実験によると「お茶によって30分で新型コロナウイルスが99%不活化した.」「効果が計測できない市販のお茶もあった. 同大学 微生物感染症学講座の矢野 寿一教授は, お茶に含まれるカテキンが関係する可能性を指摘した.」” との報道がありました. その他, 不二製油が開発した肉と区別がつかない「大豆ミート（現在はまだ高価）」や, それだけではなく, おからを乾燥させて微粉末にした製品を小麦粉の代替として使うことで, 味を損なわずに糖質を大きく下げることができる可能性があります.

既に使われている事業者も多いと思いますが, 強酸性電解水はほとんどの細菌やウイルスを短時間で失活させます. また, 強アルカリ水は浸透力が高く, 私の知り合いの旋盤加工事業者の社長は, 潤滑油の代わりに使っています. その結果，切り刃に切断屑が付着せず切り刃が長持ちするそうです．なお，強アルカリ水はアルミニウムや銅を腐食させますが，鋼・鉄系については錆びさせません．

素材の中心温度まで，0℃に凍らない状態で維持できる技術があります．あるいは，電場を使って細胞を破壊せずに凍結解凍ができる技術があります．などなど，数え上げれば限りが無い程，様々な新しい技術が考えられます．

以上のように，ドラッカーが指摘したイノベーションの7つの機会は，今の市場にあふれています．コロナ禍で以前のビジネスモデルが通用しなくなった今こそ，7つの機会を駆使してイノベーションを起こすことを本気になって考えてみてはいかがでしょうか？

※注2）Robotic Process Automation：フォーム入力，コピー貼付け，情報の共有化，業務情報のデータ化などのオフィス作業の自動化技術やその技術を使ったツール

3.2　成功するイノベーションの条件

以下のaとbは再掲です．cは，ものづくり補助金の評価要件の1つでもありますが，イノベーションの効能の本質です．

a. イノベーションを行うには知識が必要であり必要知識を入手できること
b. イノベーションは強みを基盤としていること
c. イノベーションは，人の働き方や生産の仕方に変化をもたらし，社会や経済を変えなければならない．市場にあって市場に集中し市場を震源としなければならない

3.3　成功する企業家の条件

イノベーションを成功させる企業家とはどのような共通点を持っているのでしょうか？ドラッカーの著書「イノベーションと企業家精神」より抜粋します．

a. イノベーションを起こさないことの方が，今のままであり続けるよりもリスクが大きいことを知っている
b. 成功する企業家はリスクを冒さない．リスクをとことん分析し明らかにし，可能な限りリスクを小さくすることを常に考え行動する

c. 成功する企業家はリスク愛好家ではない，機会志向である．加えて，私個人が考える成功する企業家の条件を1つ追加します．

d. 既存事業の成功体験を捨て，現在の市場位置さえも，一旦無視してイノベーションの設計を行う企業家である

4. マーケティングについて

1) ターゲット顧客を決める / イノベーションとの違い

ドラッカーが示すマーケティングとは，「顧客を理解し，製品とサービスを顧客に合わせ，おのずから売れるようにすることである.」です．そのために，顧客の欲求・状況・価値からスタートしなければなりません．一般のフレームワークにマーケティング戦略の立案用に4Pとか4Cなどがありますが（図6–18），最初に行うのは，対象候補の顧客の設定と，その顧客の欲求や状況における課題や問題点を，自社の強みを使って解決できるかどうか，また，自社の強みを使ってそれらを解決できる顧客は誰なのか？を問うところから始めます．そのために，図6–17に示したエーベルのドメインなどを使います．これは，自社の技術（自社の強み）を使ってターゲット顧客が価値を認める機能を提供できるかということを，図6–17のように，C・F・Tの視点で整理します．

この工程は，前述したイノベーションの機会の発見方法や対象顧客の絞込みの課程と大変類似しています．ただし，イノベーションの場合は，現在存在する顧客のニーズだけでなく，新しい顧客の勃興や欲求の変化の予兆を分析する工程となっています．イノベーションを設計するために，対象顧客候補やその周辺の人々に会い，現状を見て，欲求を知覚しろといいます．一方，マーケティングは，顧客や市場のニーズやニーズの変化を計測する組織機能の仕組みを創り，日常的に検出し，顧客ニーズに合わせて変わっていけと言っているように私には見えます．

また，マーケティングは全社員の役割であり，イノベーションは経営者やイノベーターの役割です．マーケティングは組織の定常的機能として機能させ，対象は顧客欲求やニーズの小規模な変化です．

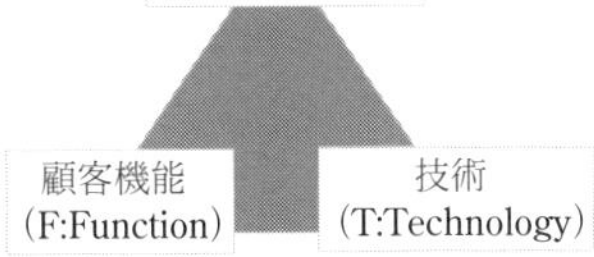

図6–17 エーベルのドメイン

一方, イノベーションは, 予測できない変化をその予兆である7つの機会（表6-3）を徹底的に分析し, 外に出て対象となる顧客と会い, 見て, 聞いて, 知覚しろと言っています. また,「イノベーションは集中しなければならない, 最小の単位でできるだけ小さい市場から単純な形で始めなければならない.」といったところもマーケティングと異なる部分です.

一方, マーケティングは, 組織でルーチンワークとして対応する日常活動です. 経営者が行う例外的な意思決定以外は, 規模にあった組織内の管理者などに任され, 自動的に顧客のニーズに対応できる機能をマーケティングと呼んでいるようです.

2) マーケティングミクスを考える

マーケティングミクスとは, 図6-18に示す, マーケティングの個別戦略である, 製品戦略, 価格戦略, チャネル戦略（流通）, プロモーション戦略の組合せ戦略のことを示します.

なお, 4Pと4C, この2つのフレームワークは図6-18に示すように企業視点と顧客視点の違いはありますが表裏一体のフレームワークです. 製品戦略, 価格戦略, チャネル戦略, プロモーション戦略の個別戦略の決定では, 顧客側（4C）の視点を重要視し, 企業側の視点（4P）でそれぞれの戦略の選択が可能かどうかなどを評価する戦略決定方法です.

マーケティングは, 顧客の欲求, 顧客の置かれた状況と現実を理解し, その先の期待を理解し, 消費行動を理解するところから始めます. 顧客を理解するとは, 顧客にとっての効用, 顧客にとっての価格, 顧客の事情や, 顧客にとっての価値を理解することです. 加えて, 顧客理解を基に, 顧客の欲求を満たすことを目的として, 製品戦略【製品とサービス】を企画・開発し, 価格戦略【価格を実現する仕組み】を構築し, チャネル（流通）戦略【提供する仕組み】を構築し, プロモーション戦略【その価値を伝え共有する仕組み】を構築し, 運用していくことです.

4P, 企業視点	4C, 顧客視点
Product（製品戦略）	ConsumerValue（顧客価値）
Price（価格）	Cost（価格）
Place（流通）	Convention（利便性）
Promotion（プロモーション）	Communication（コミュニケーション）

図6-18　4Pと4Cの対比

ドラッカーは, マーケティングの重要性について,「マーケティングは，企業家戦略の基礎として，マーケティングを行う者だけが市場におけるリーダーシップを，直ちにほとんどリスクなしに手に入れているという事実がある.」と示しています.

3) すべての経営者と社員がマーケティングを解決策として意識するメリット

マーケティングは経営者だけが意識すればよいものではありません．すべての経営者，すべての従業員が意識しマーケティングの実現を模索すべきです．すべての従業員がマーケティングを意識するということは，「マーケティング」を実施する組織として，顧客を知覚するための機能を持ち，顧客にとっての価値を自社の強みを使って生成する機能を持ち，価値を効率的顧客に伝える機能を持ち，適切なチャネルで届ける機能を持つということです．また，すべての従業員が以下のことを自身の役割と関係する範囲で意識するようになります.

表 6-4 すべての従業員が自身の役割の範囲で意識すべきマーケティングの視点

① 顧客の価値，欲求，現実，期待，状況，行動を起点としたか？
② 顧客は誰なのか？
③ 顧客は今どのような状況にあるのか？
④ 顧客の欲求とは？顧客はだれ？
⑤ 顧客の欲求・現実での問題や価値を解決する製品・サービスとは何か？
⑥ 顧客はいつ製品が欲しくなるのか？
⑦ 顧客はどのようなシーンで製品を使うのか？
⑧ どのようなチャネルで製品を販売するのか？
⑨ 顧客はどんな価格であれば購入してくれるのか？
⑩ 今の製品やサービスで顧客が満たされていない欲求は何か？
⑪ 顧客の欲求を満たし満足を提供するために自社の何を強みとして集中して強化するか？
⑫ 顧客の欲求を満たすために不足する経営資源は何か？

すべての従業員がマーケティングを意識していれば，最終消費者の欲求を理解しやすくなります．経営者・製品開発を行う担当者・生産に携わる担当者・その他のすべての業務に携わる従業員は，他の従業員やその家族から最終消費者の情報を得やすくなります.

社内で製品のあり方や付加価値のあり方，サービスのあり方を検討する場合でも，マーケティングを常に自社の製品と結び付けて意識する従業員や経営者の間の議論は，実りの多いものになるはずです．

その結果，新商品の開発や新しいサービスの開発や発想がより容易になります．発注側企業に対して，最終消費者にかかわる適切な質問や疑問を発想することができるようになります．

発注側にとって，最終消費者の有用な発想や情報は受注側の価値を高めます．

また，共通の目的である「顧客の創造」と「マーケティング」および「イノベーション」を経営者と従業員で共有することで図1-7に示した「組織が効率的に機能する条件」である“共通の目的”“貢献意欲”“コミュニケーション”の関係を実現することになり，企業全体の組織力を向上させることにもなるからです．

5.　イノベーション設計の例

本節では，特定の事例を想定して，イノベーションの設計を行ってみます．

表6-5に，例題の対象となる食品製造業の状況と外部環境を示しています．

2020年6月期には50%まで落ちた売上は現時点で80%にまで復活し，徐々に持ち直す傾向にありますが，次の決算は，前年比20%の売上減少となると見込です．

現在では，受注の減少に伴いローテーションを組み，交互に休暇を取らせながら以前の体制を維持していますが，現時点で30人前後の余剰人員があります．

今後業績が持ち直すにつれて余剰人員は減っていきますが，それでも10名から15名程度は既存事業とは切り離すことができると考えています．

補助金や助成金で現状でなんとか耐え忍んでいますが，余剰人員で始められる新しい収益軸が欲しいと考えています．そこで，表6-6のようにイノベーションの7つの機会を分析してみました．

表6-6の機会を分析すると以下のイノベーションの機会が着目されます．

1. 人口構造の変化：3市の高齢者は毎年2千人弱増加する．高齢者比率は増加傾向にある．
2. コロナ禍の中，高齢者達の外出に対する認識が変化している．外出することが怖いと感じている高齢者が多く，買い物代行は以前なら高くて使わな

表 6–5 サンプル例題の食品製造事業者と経営環境

■サンプル例題：経営環境

1. 事業名：食品製造業
2. 事業の概要：肉・魚・野菜系惣菜と，コロッケ・カツなどの揚げ物の冷凍食品の 2 種類の製品の大手外食産業向け製造販売をおこなっている.
3. 工場は A 市内に工場 A：惣菜食品工場と B 市に工場 B：冷凍食品工場との 2 拠点を所有
4. 生産規模など：多品種中量から少品種大量生産が中心
5. 工場 A 内にはテストキッチンに活用できる 40 畳の部屋を持つ
6. 工場立地，すべて東京都の近隣県内に立地，どの工場からも都内へは車で 90 分以内
7. A 工場と B 工場は幹線道路で 30 分程の距離
8. 惣菜食品工場の最小生産規模は 2 万食 / 日
   テストキッチンの最大生産規模は 10,000 食 / 日
9. 業況：コロナ禍の中，大手外食産業の休業日数の増加および時短営業により，2020 年 4 月には大手外食産業からの発注量が前年同月比 35% まで落ち込む. 2020 年 10 月までに前年比 80% まで受注が持ち直すも，11 月の非常事態宣言以降，前年比 20% まで落ち込んだ. 2021 年 2 月末には緊急事態宣言が解除され，通常の営業時間に戻しているが 21 年 3 月度売上はやっと 60% まで回復した.
10. 決算月は 12 月，2020 年 12 月決算は，前年度売上高比 80% で 15 億円となった.
11. 小売りスーパーなどでは高齢者の買い物客が減少している.
12. 2 つの工場が立地する A 市，B 市では大規模団地の高齢化が進んでおり，買い物難民化している高齢者が多い. また，高齢者のみの家庭も増えている. 両市では乗り合いシャトルバスの運航を行って解消しようとしているが，2020 年 11 月以降，利用者がめっきり減少した.
13. 高齢者のみの世帯では，週 2 日程の買い物代行（3 千円 / 時間）や家事代行業者を利用している層と，宅配弁当（380 円 / 食〜750 円 / 食）を利用している層がある.

かったが，今は，高いとは思わないという認識の変化が起こっている.

3. 高齢者の間には，話し相手，食事を家まで届けてくれる人という労働者ニーズが存在し，高齢者の子息らにも安否を確認して欲しいという労働者ニーズが存在する.
4. 高齢者の子供たちには，両親の安否を確認できるアプリなどによる情報提供が欲しいという知識ニーズが存在する.
5. 我々経営者はこれまで当社は多品種少量の生産はできないと思い込んでいたが，現存するテストキッチンを基に，多少の設備投資を行うことで，テストキッチンルームで，5,000 食 / 日程度の弁当の多品種少量生産が可能であることがわかったという認識ギャップが存在する.

現状では，以上のようなイノベーション機会が存在することを認識できました. 社内で検討した結果，以上の機会を活用するとすれば，

表 6-6　サンプル例題における 7 つのイノベーション機会の分析・調査結果

■サンプル例題：ドラッカーの示す 7 つのイノベーション機会
①予期せぬ成功と失敗を利用する：該当なし
②ギャップを探す
・認識ギャップ：事業者は，自身が多品種中量，少品種中量が自社の主軸事業で，例えば多品種少量については自社の事業ではないと考えている．また，自社は食品製造業であるという認識から離れていない．工場は生産量が大きすぎるため，自社の小売りには使えない．生産量が小さいと収益性が悪化すると考えている．
・プロセスギャップ：買い物や移動中のバス内での移動中の感染に不安がある：移動プロセスギャップ．
③ニーズを見つける：
・プロセスニーズ：感染の危険のない状態で食事をしたい．
・労働力ニーズ：食事を家まで届けてくれる人が欲しい，話し相手が欲しい．高齢世帯の親の安否の確認をして欲しい
・知識ニーズ：弁当の配達記録と手による受け渡しを記録し，遠隔に住む子供と情報を共有できるツールの開発（弁当宅配事業の展開が前提）
④産業構造の変化を知る：公共交通機関の利用者が著しく低下傾向にある．これまで減少傾向にあった乗用車の販売台数が，コロナ禍の中 2020 年 10 月から上昇トレンドに
⑤人口構造の変化に着目する：高齢化が急速に進んでいる．2020 年に入ってから完全失業率が上昇傾向にある．特に男性の失業率が急速に高まっている．労働市場では成人男性が確保し易い状況がある．男性ほどではないが女性の失業率も上昇している．
　3 市合計の高齢者人口は，図 6-19 に示すように 2030 年まで毎年 2 千人弱増加する見込みである．
⑥認識の変化をとらえる：コロナ禍前は高齢者の外出は他人と触れ合える数少ない楽しみだった．コロナ後，老人は外出が怖い，人と会うのが怖くなった
買い物代行は昔なら高いと思っていたが，今は，安く感じる（ヒアリングから）
⑦あたらしい知識を活用する：該当なし

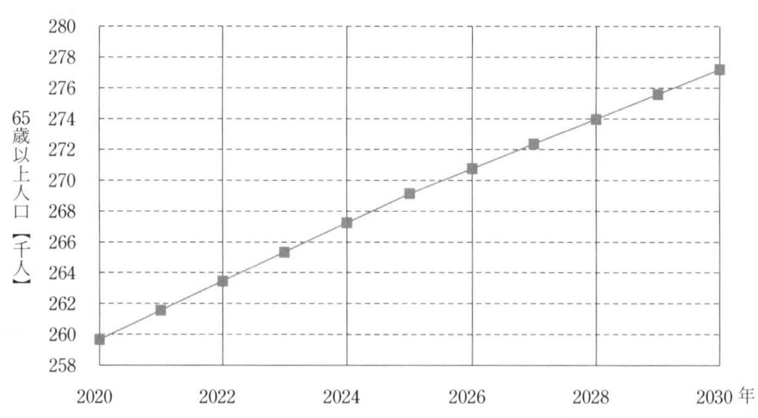

図 6-19　2020 年以降 A, B, C 3 市の高齢者人口の見込み

① 高齢者向けの弁当の仕出し

② 安価な冷凍弁当の提供

③ 宅配との相乗効果のある安否確認サービス

などの事業が候補として上げられるという結論が出ました.

なお,安否確認については追加で何か特別なことをするのでなく,弁当の宅配時に写真や動画をとることで元気な様子を見せることができるなどのアイデアも出ています．一方，当社が，上記3つの事業モデルで活用できる強みは，実は，これまで不良在庫や廃棄在庫の原因となっていた以下の4つの要素でした.

① 惣菜部門の余剰生産物および余剰生産力

② 冷凍食品部門の冷凍の揚げ物や惣菜などのストック

③ 生鮮野菜・肉・鮮魚・弁当容器の低価格調達力

④ 肉・魚の冷凍貯蔵物と弁当容器の余剰ストック

加えて，本事業で活用可能なスキルを持つ人材を当初のコア人材として活用できます.

① 管理栄養士資格を持っている社員

② 栄養士資格を持っていた社員

③ 日本料理店で板前を5年勤めていた人材

④ 大手ファミリーレストランでシェフをしていた人材

⑤ 30代で居酒屋を経営していた人材

以上のようなイノベーション機会の分析と検討を行い，今後は，具体的な初期の事業規模と投資額，および収益性が得られる市場獲得目標条件と計画の実現性の検討などのシミュレーションを基にした，フィージビリティスタディを基に，初期の投資額から，売上計画・実績に同期させた追加投資計画，および投資予算の確保の方法の検討など，具体的な事業計画の策定を行います．加えて，本事業を行うにあたっての組織体制の構築，および当初のコアメンバーと当社の冷凍品，日常調達品を活用した，弁当メニュー開発と試食などを進めていきます.

第7章　事業転換・イノベーション以前に知っておくこと―食品工場の新設・改装の留意点

1.　工事業者・設備業者の実態について

近年のコロナ禍，急激な人流変化で従来の業態からの転換や，新しいビジネスチャンスをとらえて業態の転換と，それに伴う食品工場・厨房設備の新設・改装をされるところは多いと思います．

また，政府が掲げている6次化産業事業の取り組みで，地方の一次産業事業者が食品加工施設を造る取り組みが増えてきています．

6次化の取り組みの主役は1次産業（農業・漁業・畜産業）であり，今まで生物を育てる・採取するという仕事を生業にしてきた人たちが，食品加工と販売を開始するときに多くの壁にぶつかります．これは，分野の違う食品へ参入しようとしたときにも当てはまります．

食品衛生法や表示法など，製品に関連する法令への対応はもちろんのこと，事業計画の策定，人材の確保，市場調査，販売戦略，ブランディングなど，考慮しなければならないことは多々あります．ここでは，工場建設に伴うプロセスについて紹介します．

特徴的なので6次化産業のプレイヤーを例にします．多くの食品製造事業者の方々は，各地域で地元の業者さんとの結びつきで活動をされています．地方に行けば行くほど，その傾向は顕著になります．既設の建物や設備を維持するために工事業者や建築業者の接点はそれなりに持たれていることは多いものです．そのような業者の特徴的は，食品工場の計画にマニュアルが無いという点です．

まず，食品加工業は業種が多く，かつ，それぞれ求められる施設要求が異なります．また業種が同じでも製造の規模，販売先，機械化型または人海戦術型，仕入原料の状態などの違いで備える施設設備は違ってきます．

さらに，同じ業態でも同じ商品を作っているわけではありません．こうなると，多様に枝分かれをする製造仕様に，統一したマニュアルを作ることはできないですし，作る価値もなくなります．勢いその場限りの対応が多くなるのが実態です．

建築業者と食品メーカーでは基本的な知識が全く異なるため，食品業者の一般用語を聞いても建築業者がわからない，またその逆も当然多く，会話の初めから噛み合わない，という打合せが通常です．

2. 工事計画の留意点（効率よく低予算で生産活動を行うための工事計画とは）

食品工場の新設を考える場合，最初に食品衛生の視点で動線や区画，衛生設備を工場プランの中に盛り込みます．そしてこれに建築費・生産設備費などを積み上げていくと，必ず予算オーバーとなり，工場計画の見直し作業が必要になります．

見直し作業では，例えば建築建屋は，将来の企業の発展を見込んで大きめに計画するものですが，果たしてそれをどの程度まで見込むのか，それによって計画した工場の大きさそのものが適正なのか，という判断が必要となります．

また，生産設備は人海戦術型にするのか機械化型にするのかでも，予算が大きく変わってきます．大手の企業では，商圏が見えているので，計画段階から機械化が念頭にあり予算も組み込まれていますが，中小企業では，そもそも事業計画中の販売計画が不透明で，工場計画に費用をどの程度かけて組立てて良いのかが決めにくいことが多々あります．加えて製造にかかわる衛生のプランニングもかなり曖昧です．

工事・設備業者との最初の打合せでは，しっかりした衛生管理のできる新工場を計画して安全安心な商品づくりを，という内容からスタートしますが，当初の「しっかりした衛生管理」というワードは計画策定が進んでいくうちに，「予算」などの要素が絡んできてないがしろになりがちです．

最初の「しっかりした衛生管理」は，「問題が無いようにする」という意気込みとして持つことは当然のことですが，落としどころをどのレベルとするかは，とても難しいものです．

この「落としどころ」のレベルを，例えば参考までに3段階に分類すると

① 保健所が許可をするレベル

② HACCP の認証が取得できるレベル

③ 販売先の要求に応えるレベル

と考えてみましょう.

①は HACCP の法制化により②に近いレベルになってきています. ①の許可を取れる以上の投資は逆にしなくて良いという事業者もいます. また③に関しては, 販売先の要求によって大きく変化します. 極端な例ではハラール対応の工場などの例があります.

3. 食品工場の現場改善の留意点

食品加工施設の中では, 継続的な衛生管理が求められることになりますが, 機械設備会社のセールストークを鵜呑みにして却って不衛生になっているケースがよくあります.

ここでは, 「空気殺菌機」, 「オゾンなどの殺菌保管庫」, 「エアーシャワー」, 「抗菌グッズ」, 「捕虫器」 の5つの事例を挙げてみたいと思います. 下記の設備の特性をしっかり理解して運用しているところはまれで, 無意識に使用している事業者も見受けられます.

1) 空気殺菌機

空気殺菌機は, 加工施設内に浮遊している菌は目に見えないので, 費用対効果が測りにくい装置です. 建設段階での導入の判断は, 積極的な効果を期待してのものだったと思われますが, この手の機械がメンテナンスされないまま, ただ天井から吊るされていて, 衛生のお手伝いどころか, 埃だまりや錆の温床になっている現場が散見されます.

空気を清浄化する目的で, 紫外線照射やオゾン・フィルターろ過の機能を持つ機器なのですが, 現場の担当者がそのことを理解しているケースは少なく, 何故か加工場の空気を綺麗にする

らしい「不思議な機械」という位置づけの装置になっていたりします．

設置されるならば，正しい使い方をして成果を得られるようにしましょう．

2)　オゾンなどの殺菌保管庫

長靴や前掛け・アームカバーの運用の際，たびたびその保管場所の件で揉めるケースがあります．サニテーションルームに置くべきなのか，装着はどこですればよいのか？それぞれの洗浄・洗濯はどこですればよいのか？などです．前掛けやアームカバーは使い捨ての物もありますが，使い勝手が悪いものがあったりします．また長靴は使い捨てというわけにはいきません．

そこでオゾンなどで殺菌する保管庫を導入するケースがありますが，空気殺菌機同様，オゾンの効果を利用して菌の繁殖を抑制する保管庫という役割で当初投入されますが，何年か経過するうちにオゾンが発生しなくなっても現場の方が気付かなかったり，そもそも保管庫を掃除するマニュアルがないため，保管庫の中が汚れていたりするケースが見受けられます．

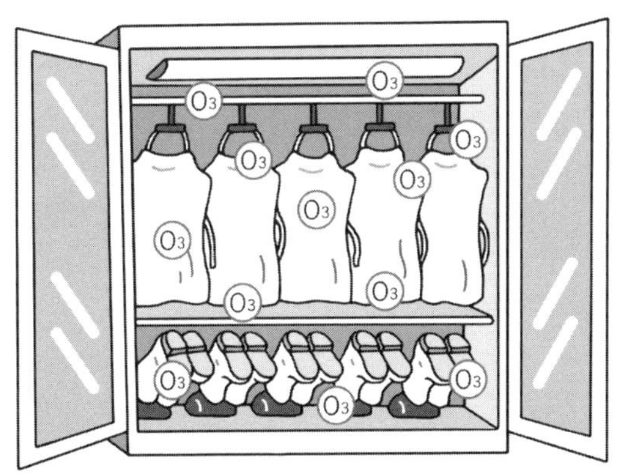

3)　エアーシャワー

新工場の計画の時，衛生設備の検討の中でエアーシャワーは主役になるケースがあります．工場見学やテレビで工場内を見学する映像でもエアーシャワーを通過することが，さも高度な衛生管理のように表現されるケースがあります．エアーシャワーとはそこまで素晴らしい装置なのでしょうか？

事業者の方の設置の理由に，「お客さん（食品会社によってはバイヤーのイメージ）に，工場の衛生状態のイメージアップのためにも付けたい」という例が少なくありません．

では，実際のエアーシャワーの主な役割は何かというと，

① 作業者が加工場に入場する前に衣類に付着している異物を除去する
② 作業の汚染区と清潔区の区画
③ 異物（特に昆虫）の侵入を防ぐ
④ 作業者の意識付け

の4項目です．結構あるといえばそうかもしれませんが，エアーシャワーを設置すれば大丈夫ということではありません．

中途半端なエアーシャワーの運用で，衛生的にマイナスになっているケースとしては，扉が手動式のため，せっかく手を洗ったのに皆がさわるドアノブに触れてしまい，交差汚染の原因となっているケースを見かけます．

また，エアーシャワー内の空気が最終的に加工場に流れ込み，除去した物が加工場に侵入している残念なケースもあります．設置の意味・目的，設備の特性を理解して活用してほしいと思います．

4)　抗菌グッズ

食品工場では，抗菌グッズの抗菌効果に期待をしている人は少ないと思いますが，厨房レベルの場合には，「抗菌」という言葉に過度に期待している作業者の方がいます．

そもそも，抗菌・除菌・殺菌・滅菌・消毒の言葉の意味の違いが曖昧です．「抗菌のまな板」などは，まな板そのものは，菌・カビの繁殖源になりにくいのですが，菌が付着している食品の使用後に洗浄せず放置しておけば，すぐにが増殖してしまいます．

耳障りの良いセールストークを鵜呑みにしないように，性能を理解することが大切です．

5) 捕虫器

ある現場の「捕虫器」の間違った使用方法についての事例です．防虫防鼠の業者の協力を得ながら現場改善の取り組みをしていました．現場担当者が加工場内にも捕虫器を設置しているとのことで，現場を見に行くと，加工場の外から窓を通して現場の捕虫器が見えました．「捕虫器」とは誘虫ランプで虫をおびき寄せて捕獲する装置です．つまり窓から捕虫器が見えるということは，加工場の外の虫が加工場に近寄ってくる原因となっているという事です．

また，その窓には誘虫ランプの光を遮るフィルムも貼られておらず，まったく対策が裏目に出ている典型的なケースでした．防虫防鼠の業者丸投げではなく，仕組みを理解しましょう．

最近ではあまり見かけなくなりましたが，電気で虫を焼き殺す電撃殺虫機は，野外に設置する装置です．これを加工場内に設置すると，虫の欠片が製品に混入するリスクになるので加工場内には設置しないようにしてください．

4. 従来の飲食業の業態転換・拡大に伴う施設・設備変更の留意点

飲食店の売り上げの増加策として，宅配やテイクアウトなど店舗以外でお店の商品を購入していただく取り組みが増えてきています．そのための工場・店舗の改修が行われていますが，食品衛生の営業許可要件に沿って工場・店舗を改修する必要があります．

飲食店営業の営業許可要件には，食品衛生責任者（資格取得者）の存在と，衛生的に製造するための施設要件の2つをクリアすることが求められますが，ここでは，施設要件に的を絞り紹介します．

いざ営業許可をとる段になり問題が浮上して立ち往生しないために，体験したものの中で，いくつか参考になるものを取り上げ，注意点をまとめてみました．取り上げたのは以下のものです．飲食店の宅配・テイクアウト・通信販売事業への転換や食品に近接する異業種からの食品分野への参入事例です．

事例1）ラーメンチェーンのセントラルキッチンの例
事例2）スーパーの軒先での屋台の営業やキッチンカーの新規参入の例
事例3）農業の6次化など，加工・販売の新規参入の例
事例4）飲食店の新しい販路開拓（テイクアウト・宅配・ネット通販事業）の例
事例5）物流・倉庫業者が簡易な加工を開始するケース

＜食品衛生法改定の解説＞

また，2021年6月にHACCP法制化という大きな食品衛生法の改正がありました．ここでは申請と施設要件について重要なポイントを紹介します．

食品にかかわる営業をされる方は，改めてこのHACCP法制化の内容，届け出制度の改正を理解され取り組んでください．不明な点は，最寄りの保健所にまずご相談ください．

●容器包装資材の気密性を製品劣化の担保に活用する手法が増えていることを反映し，密封包装食品製造業が缶詰又は瓶詰食品製造業・ソース類製造業から移行されました．

これらは冷凍・冷蔵に依存せず容器の気密性等による常温保管での流通製品を指します．包装後の殺菌工程と気密性の担保を求められ，そのうえで申請する形となりました．

● HACCP義務化は飲食店を含む小規模事業者にも危害分析・計画書の作成・共有・実施・記録と一連の取り組みを求めています．その中でも大きなポイントは，クレーム時の対応に再発防止策の提出や，自主回収の報告が義務化となりました．

●営業許可制度は，これまでの「要・不要」で分けられていましたが，営業許可業種・届出業種・対象外の３つになりました．その中でも市場の変化に伴い新たに新設されたのが，届出許可業種というもので，製造業というよりは，温度管理等が必要な包装食品の販売業・冷凍製造倉庫等の事業者が含まれています．

●施設の要件としては，今まで「壁」の設置でなくては「区画」として認められませんでしたが，施行までの移行期間内に許容されていた，距離・線引・ビニールカーテン等での区画も，危害分析をしたうえでの評価ができれば良いという形で，営業許可は下りるようになりました（あくまで営業許可はOKだが認証取得にはNGと判断される場合もある）．

また，厳しくなった点は，ノロウイルス対策等の強化に伴い，手洗いで使用される蛇口が手の内側での感染を抑止するため，水栓がセンサー式やレバー式でないと営業許可が取得できなくなったので，ご注意ください．

事例 1）ラーメン店で人気の餃子をセントラルキッチンで製造したい

このケースでは，セントラルキッチンとなる施設が新たに新設されることになるので，その施設に対して管轄の保健所に申請が必要になります．製品の状態によって，取得する営業許可は異なりますが，ここではラーメン店のセントラルキッチンの注意点をまとめています．

まず，保健所が確認するのは大きくは，次の２点です．

(1)　自社でのみ使用するか？（他社に売ったり卸したりしないかという意味）

やはり流通に乗せるというのが，１つの関所になっているという解釈が必要です．

流通に乗せた場合，途中の製品の保管状態・食べる前の加熱などが不確定なので喫食の際のリスクになると考えられるからです．

(2)　何を作るのか？

作るのは，ラーメンの麺なのか？スープなのか？具材なのか？はたまた餃子か餃子の具（中身の餡）か等々，申請する製造物をはっきりしないと許可はおりません．また，営業許可の内容によって製造についての規定もあります．さらに，HACCPの法制化に合わせて，製品ごとの製造のHACCPプランなども必要となり，このことを曖昧にしていては営業許可はおりません．

また，工事業者には，何を製造するのかということと併せて，生産量・配達時間・入荷の状態・出荷の荷姿までしっかりプランニングしてから話すべきです．社内担当者，工事業者とも，未経験だと間違いを起こしやすいので，プランはできるだけ具体的に詰めるようにします．

事例2）スーパーや道の駅の店内や軒先で，商品を販売したい―キッチンカーの場合

キッチンカーは，開店費用の負担軽減やオペレーションなどの経費削減で人気が出てきています．営業許可もニーズの高まりに併せて，食品衛生法改定に伴い整理されました．

まず，キッチンカーの最大のメリットであるお店の出店場所が変えられる点ですが，保健所へは自治体ごとに届出が必要でした．その点は改正でも変わっていませんが，トラブルの要因になっていた，自治体によってルールが違うことによって，A地域では出店可能だったキッチンカーがB地域では出店不可という問題が解消され，今回これが統一された法令に明記されました．

また，営業許可は菓子製造業・喫茶店営業・飲食店営業の3種類でしたが飲食店営業に一本化されました．

主な施設基準としては，

①　運転席と調理場の明確な区分があるか？

②　給水・排水タンクの設置（容量別）

- 40リットル程度：簡易な調理のみ（温める・揚げる・盛り付ける等）
- 単一品目の運営（イメージ：クレープ屋）・食器は使い捨て
- 80リットル程度：40リットル程度にプラスして2工程（下処理はNG）
- 複数品目の運営（イメージ：ハンバーガー・ポテト・ドリンク）・食器は使い捨て
- 200リットル程度：大量の水を要する調理が可能（イメージ：ラーメン）
- 200リットル程度のみ車内での仕込み作業が可能になります．

③　水道蛇口が非接触水道か？（食品衛生法改定の施設基準と同様です）

その他，シンクの数・大きさ・手洗い洗剤の供給体制・衛生環境の保持・保管スペースの適正判断，換気扇・冷蔵冷凍庫の設置及び温度管理・ゴミ箱設置

と小規模事業者と同様な施設基準を求められます.

さらに，キッチンカーでの操業の場合，仕込み場の提出が併せて必要になります．仕込み場とは食品工場でいうところの前処理室のことを指します．本店の調理場があればそちらを計画にされている計画が多いようですが，最近ではシェアキッチンを活用される方も出てきているようです．

事例3）食品を作って販売したい（農業者が食品の製造販売をするときにあるケースです）

農業者が国から6次産業化の補助金を支給されて，食品の製造・販売に取り組む場合があります．しかし，上手くいかなかった取り組みが多々あります．もちろん，軌道に乗り現在も事業を継続しているケースもありますが，ここでは6次産業の事業への着手で注意すべき点を，食品工場の設置に絞って挙げてみたいと思います．

6次化産業の事業者は，新しい食品工場の建築を検討する際，製造，販売という点で経験のある事業者は少なく，計画された販売量に裏づけのない数字が並び，それをもとにした生産量と工場規模が，実態とかけ離れたものとなることがしばしば起きています．

取り組みそのものは，地域資源活用・食品ロス削減・地球環境改善・地域のブランディング強化など，政府が期待する項目も盛り込まれていて，その事業は有意義なものです．

しかし，それを実現していく会社組織，利益を追求する企業という点からは，6次産業の事業者は大きく立ち遅れています．原因は，

① 6次化産業の事業者は，販売するのが不得意（もしくは出来ない）
② 営業の数値目標を立てるのが苦手
③ 営業の目標を達成するための行動計画が出来ない
④ 地方の方が多く，都心に出るのが苦手（その地方では名士である人が多い）
⑤ 地方では和気あいあい的な側面と人間関係の複雑な側面があり，会社としての規律が保ちにくい

このような「なれ合い的な」人間関係を解消しない限り，事業というのは成功しないものです．

実際に食品工場の建設となれば，後戻りすることはできません．自前で調達できない人材は外部から知恵を借り，販売分野などに長けた参謀を集めて事業を推進することが大切です．事業のハードの要である食品工場は，裏付けのある生産・販売計画のもとに取り組んでいくのがよいでしょう．

事例4）焼き肉屋さんが自宅で食べる焼肉セットの販売や，自家製ダレを販売するケース

売り上げの増強策として多くの事業者の方々が工夫しています．例えば焼肉屋さんであれば独自の肉の仕入れ力を活かして，自宅で焼肉店の味を楽しめる，焼き肉の詰め合わせセット（野菜入り），自慢のたれの販売を店舗以外，つまりテイクアウトや宅配・ネット通販で行おうとの検討されているところがありました．

こうした時にも，やはり保健所の営業許可が必要になります．既に焼肉店を経営されていたので，飲食店営業の営業許可は取得されていましたが，精肉の販売は食肉販売業，韓国料理のお店だったので，韓国食材の場合は惣菜業，キムチになると発酵食品の営業許可，タレはタレで単独にまた許可が必要で，こうした複数の営業許可が必要となりました．また，製造に関しては製品によっては，各取得営業許可によって加工場の区画が求められます．

実際，ある保健所へタレの製造の相談をしたところ，自店舗での消費は何も問われず，すんなり許可となったのですが，いざネットで売るという段になって，ネット販売リスクが高いということで施設要件が厳しくなり，現状では不十分とされたため取り組みがとん挫したケースがあります．

ジュースでも同様で，目の前でジュースの搾り器やジューサーミキサーで作って，飲んでもらうのと，ネットなどの流通販売をするのとでは桁違いの要求の厳しさがあり，計画が中止となるケースが多くあります．

非加熱製品の常温流通はリスクが高いので安易にはできません．それを理解していない方が案外多いのです．

事例5）物流センターが簡易な加工を始めるケース

倉庫・物流業者で，品物（ここでは食品）をただ預かって出荷するだけではなく，大きなロットの製品を小分けにしたり成型したり（例えばマグロの柵を

切り身にする), 色々な製品を纏めてリパックする（例えば手巻き寿司セットをトレーに並べる）などの付加価値を提供する事業が増えています.

そこでよく相談を受けることとして,「今ある倉庫内を間仕切って, 若干の小間切りが出来る環境を設けたい」, 大した作業はしないと強調されるケースです. 野菜や果物を, カットして納品したいというケースもあります.

ネットでこうしたケースを探すと, パネルメーカーや塗床の業者の改修事例集が出てきて, あたかも「簡単にきれいに改修しました・・・」というようなイメージ写真が閲覧できます.

しかしここにはとんでもなく大きな問題が潜んでいます. それは, 食品の営業許可のことにとどまりません. 倉庫がどういう目的のものかにもよりますが, 例えば「冷蔵倉庫」と「食品加工施設」の大きな違いはその空間が「非居室空間」か「居室」かの違いです.

言葉の整理で, まず居室を辞書で調べると,「非居住空間」は事務所・倉庫・機械室・更衣室・トイレ・浴室・納戸となります. 玄関・廊下・階段もそもそも室なのかという議論もありますが, 非居室となります. すなわち, 人がずっとはいないとされる部屋です.

これに対して「居室」は, 居住・執務・作業・集会・娯楽・その他のこれらに類する目的のために継続的に使用する室となります. 要は人がずっといる部屋です.

居室（人がずっといる部屋）とされる「食品加工施設」は, 環境基準が付随してきます. 建築基準法の 28・29 条に記載がありますが, 居室の明るさ・高さの他に換気の基準があります（1 時間に 0.5 回の換気が求められている).

また防火・避難に関する制限として排煙設備の設置・非常用照明等火災時の対策が求められます.

このように「食品加工施設」になると, 建築の位置づけでたちまち「居室」という扱いになり, 冷やした空気が 2 時間ですべて入れ替わる設計にしなければならないという決まりがあります.

これに対して一般的に冷蔵倉庫は冷やした空気（冷気）が逃げないように, 気密性の高い（魔法瓶のイメージ）設計がされていて, 効率よく（電気を消費しないように）建てます. また対象も製品なので一酸化中毒の心配はしません.

この建築基準法で定められている「非居住空間」と「住居」の相違が「冷蔵

倉庫」と「食品加工施設」適応され，倉庫で食品加工をするということが，建築物そのものの目的変更にまで発展する可能性があり，とても「パネルで間仕切り」という問題で済む話ではないのです．

普通，ただ単純に倉庫を加工場にするだけなのに「何でこの人はこんなに面倒なこと言ってくるんだろう・・・」と揉めることがよくあります．パネルメーカーも毎回揉めているはずなのに，ホームページで調べても，こうした問題があるということはあまり出てきません．

ある倉庫業者の方に相談を受けた時は，「床を洗えるようにしたい」という希望なども聞かされ，驚いたことがあります．倉庫＝非居住空間を食品加工施設＝住居に変更するというのは，事業者の想定を大幅に超える額の改修となることを理解しておいてほしいと思います．

5.　物件選択の留意点

食品会社からは，「新工場は，更地からの計画ではなく，使わなくなった工場や施設を改修して使いたい」，「既設の工場を増築する計画をしたい」という相談を多く受けます．その理由は既設の工場を活用した方が建築費（建物の外側に掛かる費用）の負担が軽減され，総予算を減額化できるから，というのが主な理由です．一般的にはその考えは正しいと思いますし，元工場だった建物を可能な限り安価で購入したいと思うでしょう．

ただ，プランニングを進める中で，これなら真新の更地から計画をした方が安価で済むのでは？と思うケースは少なからずあります．ここでは，実際に相談された事例を紹介します．食品工場を初めて計画される事業者は，先ずは箱（建物）があればなんとかなるという発想を捨てる必要があります．

よくある問合せで，「工場建てるにはどのくらいの費用が掛かりますか？」という話です．「何を製造されますか？加工フローがありますか？生産量はどのくらいですか？」という質問をすると，答えが返ってこないケースがあります．こうなると回答にはたどり着けません．

結局，物件選択の参考にカタログを見せて，「この工場は全部で総工費いくらでした」としての回答しかありません．

加工機械メーカーの営業員からも同様に，工場を建てる費用の質問を受けます．どのような食品でどういう加工フローなのかを尋ねても，答えに窮するという場面によく立ち会います．つまり，そういう担当者は自分の機械しか知らないか，もしくは考えていない人，ということです．これでは話が進みません．

事例）生産計画の曖昧さと，立地を考慮しない工場の増改築での失敗事例

ここでは，工場の増改築の注意点・失敗事例を挙げてみたいと思います．

あるカット野菜工場の会社から，新工場となる工場物件を以前から探している，と聞いていて，私も探していたところ，後日既に工場を購入したので，加工施設の設計をするということになりました．現地調査に伺うと，広大な施設の中に広大な建屋があり，聞けば元々は工業系の物流倉庫として活用していたとのことで，かなり広大な土地建物の割に安く購入できたということでした．.

設計を委託された内容は,カット野菜工場でしたが,原料（野菜）がどのように入荷してきて，どのような加工を経て，どのような客先に販売するのか，製品の規格もふくめて,まだ決まっていないようでした.「スーパーに並んでいる普通の製品を作りたい」という漠然としたイメージを聞かされただけでした．

お客様の要望なのでなんとか，お客様のイメージしている普通をこちらもイメージして，実際にはスーパーに陳列されている既存の商品を撮影して，施主様のイメージと齟齬がないように取り組みを試みました．

原料の野菜がどの程度下処理をされて入ってくるのかで，前処理室のロケーションが大幅に変わります．広大な土地なので建蔽率は無視して，下処理がされていない原料を扱う場合は，工場内で前処理棟を別に設け，イメージしている加工場のレイアウトを検討したのですが，その中で，費用面で大きな課題が出てきました．

(1) 既設の建屋は工業系の物流倉庫のため，水を使用しなかった

野菜の加工場は，食品加工施設の中でもトップクラスの水の量を使用する作業環境を構築しなければならないのです．カット野菜専門業者にヒアリングすると,原料の状態次第で振れ幅は大きいが生産量の5〜10倍,日産20トンの工場であれば最大100トンの水が必要になるとのことでした．

まずこのような状況で，曖昧な生産計画と工場の設備の不備で，大掛かりな改修が必要で，まったくその費用が考えに入っていないということが判明しました．

(2)　次に直面したのは，床を立ち上げるか，掘るか？

一般的に，食品加工施設は防虫防鼠の対策目的やトラックヤードを設ける目的で，地面に対して嵩上げして建てるのが望ましいとされています．

ここで，購入した工場建屋は一階の天井までの高さが3mしかなく，例えば包装機の高さを考えると，加工施設の有効の高さは最低でも2.5mは必要と考えるので，排水環境を考慮して床を掘ることで対応することを提案しました．これもまた費用面で大幅なアップとなります．

(3)　工場が海岸に近い立地で井戸が掘れない

正確にいえば掘っても海水が出てしまう，という問題点が浮上し，大量に水を使用するカット野菜工場では，水道水の利用はランニングコストが嵩み採算が非常に厳しくなります．

以上のような状況を踏まえて，「大体どのくらいかかりますか？」という問い合わせに，概算数字を伝えましたが，施主の方の予算では全く合わないこととなり，この話は立ち消えとなりました．

◆ まとめ ◆

食品工場の新設・改装の留意点をまとめると次のようになります．

(1)　生産者（農業者等），製造者，販売者，工事業者，設備業者と業種が違うので，言葉や用語をお互いにわかるように，意思疎通を図ること
(2)　当たり前のことですが，製造するもの，製造フロー，生産量，流通，顧客を明確にすること
(3)　衛生のレベルの方針をもつこと
(4)　衛生管理の確認を先行すること
(5)　営業許可については，最優先で検討すること
(6)　業者選定には，地元の結びつき，人脈を優先しないこと
(7)　業者選定については，その業種に精通していること
(8)　設備業者のいいなりではなく，性能，意味，しくみを理解すること
(9)　食品加工に参入することを安易に考えないこと

新　食品工場は宝の山

現場改善＋ HACCP・自動化・イノベーション

2022 年 11 月 15 日　初版第 1 刷発行

著　者　山田谷勝善　高木敏明
西　真一　小野智睦
黒田　学　幾島　潔
松原大輔
発行者　田 中 直 樹
発行所　株式会社　幸書房
〒 101-0051　東京都千代田区神田神保町 2-7
TEL03-3512-0165　FAX03-3512-0166
URL　http : // www. saiwaishobo. co. jp

装　幀：㈱クリエイティブ・コンセプト（江森恵子）
組　版：デジプロ
印　刷：シ ナ ノ

ISBN978-4-7821-0469-9　C3058